石油化工安装工程技能操作人员技术问答丛书

管　工

丛 书 主 编　吴忠宪
本 册 主 编　肖珍平
本册执行主编　刘小平

中国石化出版社

图书在版编目（CIP）数据

管工／肖珍平主编 . —北京：中国石化出版社，
2018. 7(2024. 2 重印)

（石油化工安装工程技能操作人员技术问答丛书／
吴忠宪主编）

ISBN 978 - 7 - 5114 - 4801 - 9

Ⅰ . ①管…　Ⅱ . ①肖…　Ⅲ . ①管道施工-基本知识
Ⅳ . ①TU81

中国版本图书馆 CIP 数据核字（2018）第 153398 号

中国石化出版社出版发行

地址：北京市东城区安定门外大街 58 号
邮编：100011　电话：(010)57512500
发行部电话：(010)57512575
http://www. sinopec-press. com
E-mail：press@ sinopec. com
北京富泰印刷有限责任公司印刷
全国各地新华书店经销

＊

880 毫米×1230 毫米 32 开本 8.5 印张 186 千字
2018 年 8 月第 1 版　2024 年 2 月第 4 次印刷
定价:36.00 元

序　一

《石油化工安装工程技能操作人员技术问答丛书》（以下简称《丛书》）就要正式出版了，这是继《设计常见问题手册》出版后炼化工程在"三基"工作方面完成的又一项重要工作。

《丛书》图文并茂，采用问答的形式对工程建设过程的工序和技术要求进行了诠释，充分体现了实用性、准确性和先进性的结合，对安装工程技能操作人员学习掌握基础理论、增强安全质量意识、提高操作技能、解决实际问题、全面提高施工安装的水平和工程建设降本增效一定会发挥重要的作用。

我相信，这套《丛书》一定会成为行业培训的优秀教材并运用到工程建设的实践，同时得到广大读者的认可和喜爱。在《丛书》出版之际，谨向《丛书》作者和专家同志们表示衷心的感谢！

中国石油化工集团公司副总经理
中石化炼化工程（集团）股份有限公司董事长

2018 年 5 月 16 日

序　二

　　近年来，随着石油化工行业的高速发展，工程建设的项目管理理念、方法日趋完善；装备机械化、管理信息化程度快速提升；新工艺、新技术、新材料不断得到应用，为工程建设的安全、质量和降本增效提供了保障。基于石油化工安装工程是一个劳动密集型行业，劳动力资源正处在向社会化过渡阶段，工程建设行业面临系统内的员工教培体系弱化，社会培训体系尚未完全建立，急需解决普及、持续提高参与工程建设者的基础知识、基本技能的问题。为此，我们组织编制了《石油化工安装工程技能操作人员技术问答丛书》（以下简称《丛书》），旨在满足行业内初、中级工系统学习和提高操作技能的需求。

　　《丛书》包括专业施工操作技能和施工技术质量两个方面的内容，将如何解决施工过程中出现的"低老坏"质量问题作为重点。操作技能方面内容编制组织技师群体参与，技术质量方面内容主要由技术质量人员完成，涵盖最新技术规范规程、标准图集、施工手册的相关要求。

　　《丛书》从策划到出版，近两年的时间，百余位有着较深理论水平和现场丰富经验的专家做出了极大努力，查阅大量资料，克服各种困难，伏案整理写作，反复修改文稿，终成这套《丛书》，集公司专家最佳工作实践之大成。通过《丛书》的使用提高技能，更好地完成工作，是对他们最好的感谢。

　　在《丛书》出版之际，我代表编委会向参编的各位专家、向所有为《丛书》提供相关资料和支持的单位和同志们表示衷心的感谢！

中石化炼化工程（集团）股份有限公司副总经理

《丛书》编委会主任

2018 年 5 月 16 日

前　　言

　　石油化工生产过程具有"高温高压、易燃易爆、有毒有害"的特点，要实现"安、稳、长、满、优"运行，确保安装工程的施工质量是重要前提。"施工的质量就是用户的安全"应成为石油化工安装工程遵循的基本理念。

　　"工欲善其事，必先利其器"。要提高石油化工安装工程质量，首先要提高安装工程技能操作人员队伍的素质。当前，面临分包工程比重日益上升的现状，为数众多的初、中级工的培训迫在眉睫，而国内现有出版的石油化工安装工人培训书籍或者侧重于理论知识，或者侧重于技师等较高技能工人群体，尚未见到系统性的、主要针对初、中级工的专业培训书籍。为此，中石化炼化工程（集团）股份有限公司策划和组织专家编写了《石油化工安装工程技能操作人员技术问答丛书》，希望通过本丛书的学习和应用，能推动石油化工安装技能操作人员素质的提升，从而提高施工质量和效率，降低安全风险和成本，造福于海内外石油化工施工企业、石化用户和社会。

　　丛书遵循与现行国家标准规范协调一致、实用、先进的原则，以施工现场的经验为基础，突出实际操作技能，适当结合理论知识的学习，采用技术问答的形式，将施工现场的"低老坏"质量问题如何解决作为重点内容，同时提出专业施工的 HSSE 要求，适用于石油化工安装工程技能操作人员，尤其是初、中级工学习使用，也可作为施工技术人员进行技术培训所用。

　　丛书分为九卷，涵盖了石油化工安装工程管工、金属结构制作工、电焊工、钳工、电气安装工、仪表安装工、起重工、油漆工、保温工等九个主要工种。每个工种的内容根据各自工种特点，均包括以下四个部分：

　　第一篇，基础知识。包括专业术语、识图、工机具等概念，强调该工种应掌握的基础知识。

第二篇，基本技能。按专业施工工序及作业类型展开，强调该工种实际的工作操作要点。

第三篇，质量控制。尽量采用图文并茂形式，列举该工种常见的质量问题，强调问题的状况描述、成因分析和整改措施。

第四篇，安全知识。强调专业施工安全要求及与该工种相关的通用安全要求。

《石油化工安装工程技能操作人员技术问答丛书》由中石化炼化工程（集团）股份有限公司牵头组织，《管工》和《金属结构制作工》由中石化宁波工程有限公司编写，《电气安装工》由中石化南京工程有限公司编写，《仪表安装工》《保温工》和《油漆工》由中石化第四建设有限公司编写，《钳工》由中石化第五建设有限公司编写，《起重工》和《电焊工》由中石化第十建设有限公司编写，中国石化出版社对本丛书的编辑和出版工作给予了大力支持和指导，在此谨表谢意。

石油化工安装工程涉及面广，技术性强，由于我们水平和经验有限，书中难免存在疏漏和不妥之处，热忱希望广大读者提出宝贵意见。

丛书主编 吴忠亮

2018 年 5 月 16 日

《石油化工安装工程技能操作人员技术问答丛书》
编 委 会

刘小平　中石化宁波工程有限公司 高级工程师

李永红　中石化宁波工程有限公司副总工程师兼技术部主任 教授级高级工程师

宋纯民　中石化第十建设有限公司技术质量部副部长 高级工程师

肖珍平　中石化宁波工程有限公司副总经理 教授级高级工程师

张永明　中石化第五建设有限公司技术部副主任 高级工程师

张宝杰　中石化第四建设有限公司副总经理 教授级高级工程师

杨新和　中石化第四建设有限公司技术部副主任 高级工程师

赵喜平　中石化第十建设有限公司副总工程师兼技术质量部部长 教授级高级工程师

南亚林　中石化第五建设有限公司总工程师 高级工程师

高宏岩　中石化炼化工程（集团）股份有限公司 高级工程师

董克学　中石化第十建设有限公司副总经理 教授级高级工程师

《石油化工安装工程技能操作人员技术问答丛书》

主　　编：吴忠宪　中石化第十建设有限公司党委书记兼副总
经理 教授级高级工程师

副 主 编：刘小平　中石化宁波工程有限公司 高级工程师
孙桂宏　中石化南京工程有限公司技术部副主任 高
级工程师
杨新和　中石化第四建设有限公司技术部副主任 高
级工程师
王永红　中石化第五建设有限公司技术部主任 高级
工程师
赵喜平　中石化第十建设有限公司副总工程师兼技
术质量部部长 教授级高级工程师
高宏岩　中石化炼化工程（集团）股份有限公司
高级工程师

《管工》分册编写组

主　　　编：肖珍平　中石化宁波工程有限公司副总经理 教授级
　　　　　　　　　　高级工程师
执 行 主 编：刘小平　中石化宁波工程有限公司 高级工程师
副 主　编：郑小安　中石化宁波工程有限公司 高级工程师
编　　　委：郭占彬　中石化宁波工程有限公司 工程师
　　　　　　刘自豪　中石化宁波工程有限公司 工程师
　　　　　　张　勇　中石化宁波工程有限公司 工程师
　　　　　　应建旭　中石化宁波工程有限公司 工程师
　　　　　　李少鹏　中石化宁波工程有限公司 工程师
　　　　　　曹　巍　中石化宁波工程有限公司 高级工程师

目　　录

第一篇　基础知识

第二篇　基本技能

第四篇　安全知识

第一篇 基础知识

第一章 专业术语

1. 什么是管道？

管道由管道组成件和管道支吊架等组成，用以输送、分配、混合、分离、排放、计量或控制流体流动。管道组成件包括管子、管件（包括弯头、大小头、三通、管帽、加强管嘴、加强管接头、异径短节、螺纹短节、管箍、仪表管嘴、漏斗、快速接头等）、连接件（包括法兰、垫片、螺栓/螺母、限流孔板、盲板、法兰盖等）、管道设备（包括各类阀门、过滤器、疏水器、视镜等）等。

2. 什么是工业金属管道？

由金属管道元件连接或装配而成，在生产装置中用于输送工艺介质的工艺管道、公用工程管道及其他辅助管道，称为工业金属管道。

3. 什么是压力管道？

压力管道是指利用一定的压力，用于输送气体或者液体的管状设备，其范围规定为最高工作压力大于或者等于 0.1MPa（表压），介质为气体、液化气体、蒸汽或者可燃、易爆、有毒、有腐蚀性、最高工作温度高于或等于标准沸点的液体，且公称直径大于或者等于 50mm 的管道。公称直径小于 150mm，且其最高工作压力小于 1.6MPa（表压）的，输送无毒、不可燃、无腐蚀性气体的管道和设备本体所属管道除外。

4. 什么是热力管道？

热力管道属于压力管道的一类，是指城市或者乡镇范围内用于公用事业或者民用的热水或蒸汽管道，热力管道的介质有热水和蒸汽两种。

5. 什么是长输管道？

长输管道是指产地、储存库、使用单位间的用于输送商品介质的管道。

6. 什么是夹套管？

夹套管是指由内管和套管组成的管道，分为全夹套和半夹套。全夹套是指内管完全被套管包围的夹套管型式，半夹套是指内管焊缝不被套管包围的夹套管型式。

7. 什么是埋地管道？

长期埋在地下、不占用地面以上空间的管道，称为埋地管道。

8. 什么是装置坐标？

标注在装置边界线上，表示装置在总图位置上的坐标，称为装置坐标。

9. 什么是建北？

建北是指建筑物的坐落朝向，即在图纸上定义的建筑物的北方向。

10. 什么是装置边界线？

区分装置内、外的界线称为装置边界线。

11. 什么是标高？

标高表示管道各部分的高度，是管道某一部位相对于基准面

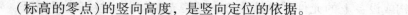

（标高的零点）的竖向高度，是竖向定位的依据。

12. 什么是绝对标高?

绝对标高是指以一个国家或地区统一规定的基准面作为零点的标高。在我国，是把黄海平均海平面定为绝对标高的零点，其他各地标高以此为基准。任何一地点相对于黄海的平均海平面的高差，就称它为绝对标高。

13. 什么是相对标高?

通常情况下，相对标高是指以管道所在的建筑物底层室内主要地坪面作为相对标高的零点（±0.000）；管道位置比该基准高时用正号（+）表示但也可以不写正号，比该基准低时必须用负号（-）表示。

14. 什么是管廊?

管廊是指由成排架空的管道及其多跨、构架式支承结构组成的总称。

15. 什么是管道组成件?

管道组成件是指用于连接或装配管道的元件。它包括管子、管件、法兰、垫片、紧固件、阀门以及膨胀接头、挠性接头、耐压软管、疏水器、过滤器和分离器等。

16. 什么是管道支承件?

管道支承件是指将管道荷载包括管道的自重、输送流体的质量、由于操作压力和温差所造成的载荷以及震动、风力、地震、雪载、冲击和位移应变引起的荷载等传递到管架结构上去的元件。

管道支承件包括固定件与结构附件：

（1）固定件是指将负荷从管子或管道附着件上传递到支承结

构或设备上的元件。包括吊杆、弹簧支吊架、斜拉杆、平衡锤、松紧螺栓、支撑杆、链条、导轨、锚固件、鞍座、垫片、滚柱、托座和滑动支架等。

（2）结构附件是指用焊接、螺栓连接或夹紧等方法附装在管子上的零件。它包括管吊、吊（支）耳、圆环、夹子、吊夹、紧固夹板和裙式管座等。

17. 什么是有毒流体？

某种物质一旦泄漏，被人吸入或与人体接触，会有不同程度的中毒，若治疗及时，不至于对人体造成不易恢复的危害，这种物质称为有毒流体。它相当于《职业性接触毒物危害程度分级》（GBZ/T 230—2010）定义的毒性程度为极度危害、高度危害、中度危害和轻度危害流体的总称。

18. 什么是毒物危害指数（THI）？

毒物危害指数（THI）是综合反映职业性接触毒物对劳动者健康危害程度的量值。按危害程度可分级为：极度危害（Ⅰ级），THI≥65；高度危害（Ⅱ级）、$50 \leq THI < 65$；中度危害（Ⅲ级），$35 \leq THI < 50$；轻度危害（Ⅳ级），$THI < 35$。

19. 什么是易燃流体？

易燃流体包括易燃气体和易燃液体。

（1）与空气混合的爆炸下限小于10%（体积分数），或与空气混合的爆炸上限之差值大于20%的气体，称为易燃气体。常见易燃气体有氢气，甲烷、丙烷、乙烯、乙烷、乙炔等烃类，硫化氢。

（2）凡在常温下以液体状态存在，遇火容易引起燃烧，其闪点在45℃以下的物质称为易燃液体。其特性有：蒸气易燃易爆性、受热膨胀性、易聚集静电、高度的流动扩展性、与氧化剂作

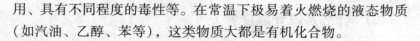

用、具有不同程度的毒性等。在常温下极易着火燃烧的液态物质（如汽油、乙醇、苯等），这类物质大都是有机化合物。

20. 什么是可燃流体？

在生产操作下可以点燃和连续燃烧的气体或液体，称为可燃流体。

21. 什么是腐蚀性流体？

能灼伤人体组织并能对管材造成损坏的流体，称为腐蚀性流体。如 HNO_3、H_2SO_4 等。

22. 什么是公称直径(DN)？

公称直径(DN)是指用标准的尺寸系列表示管子、管件、阀门等口径的名义直径。公称直径由字母 DN 和无因次整数数字组合而成，是管道元件规格名义尺寸的一种标记方法。

23. 什么是公称压力(PN)？

管子、管件、阀门等在规定温度允许承受的以标准规定的系列压力等级表示的工作压力，称为公称压力(PN)。公称压力由字母 PN 和无因次数字组合而成，是管道元件名义压力等级的一种标记方法。

24. 什么是工作(操作) 压力？

管子、管件、阀门等管道组成件在正常运行条件下承受的压力，称为工作(操作)压力。

25. 什么是设计压力？

在正常操作过程中，在相应设计温度下管道可能承受的最高工作压力，称为设计压力。

26. 什么是工作(操作) 温度？

管道在正常操作条件下的温度称为工作(操作)温度。

27. 什么是设计温度？

在正常操作过程中，在相应设计压力下管道可能承受的最高或最低温度，称为设计温度。

28. 什么是金属临界点？

金属在加热或冷却过程中会发生相变，人们把发生相变的温度称为临界温度或金属临界点。通常采用 A_{c1}（加热转变点）和 A_{r1}（冷却转变点）表示。

29. 什么是热弯？

温度高于金属临界点 A_{c1} 时的弯管操作称为热弯。

30. 什么是冷弯？

温度低于金属临界点 A_{c1} 时的弯管操作称为冷弯。

31. 什么是热态紧固？

防止管道在工作温度下，因受热膨胀导致可拆卸处泄漏而进行的紧固操作，称为热态紧固。

32. 什么是冷态紧固？

防止管道在工作温度下，因冷缩导致可拆卸处泄漏而进行的紧固操作，称为冷态紧固。

33. 什么是压力试验？

以液体或气体为介质，对管道逐步加压达到规定的压力，以检验管道强度和密封性的试验，称为压力试验。

34. 什么是泄漏性试验？

以气体为介质，在设计压力下采用发泡剂、显色剂、气体分子感测仪或其他手段等检查管道系统中泄漏点的试验，称为泄漏性试验。

35. 什么是液击？

管道系统由于流量急剧变化而引起较大的压力变动，并伴有液体锤击的声音，这种现象称为液击，也称水锤、水击。

36. 什么是管道振动？

由于管内介质的不规则流动或由于某种周期性外力的作用，使管道相对于其平衡位置所作的往复运动称为管道振动。

37. 什么是绝热？

绝热是指保温与保冷的统称，包括防烫和隔热。保温是指为减少管道设备及其附件向周围环境散热，在其外表面采取的包覆措施。保冷是指为减少周围环境中的热量传入低温设备和管道内部，防止低温设备和管道外壁表面凝露、结霜，在其外表面采取的包覆措施。

38. 什么是伴热？

为防止管内流体因温度下降而凝结或产生凝液或黏度升高等，在管外采用的间接加热方法称为伴热。

39. 什么是伴热管？

伴热管是指用于间接加热管内介质，伴随在管道外的供热管。

40. 什么是焊缝？

焊件经焊接后所形成的结合部分称为焊缝。

41. 什么是焊接应力？

焊接过程中焊件内产生的应力称为焊接应力。

42. 什么是焊接残余应力？

焊接后残留在焊件内的焊接应力称为焊接残余应力。

43. 什么是焊接缺陷？

焊接缺陷是指焊接过程中在焊接接头中产生的不符合设计或工艺文件要求的缺陷，表现为金属不连续、不致密或连接不良的现象。常见的焊接缺陷包括：咬边、内凹、夹渣、气孔、未焊透、未融合、裂纹等。

44. 什么是焊接裂纹？

焊接裂纹是指在焊接应力及其他致脆因素共同作用下，焊接接头中局部区域的金属原子结合力遭到破坏而形成的新界面所产生的缝隙。它具有尖锐的缺口和大的长宽比的特征。

45. 什么是射线检测？

采用 X 射线或 γ 射线照射被检物，检查内部缺陷的检测方法称为射线检测。

46. 什么是超声波检测？

利用超声波探测被检物内部缺陷的检测方法称为超声波检测。

47. 什么是超声波衍射检测(TOFD)？

超声波衍射检测(TOFD)也称超声波衍射时差法，是一种依靠从待检试件内部结构(主要是指缺陷)的"端角"和"端点"处得到的衍射能量来检测缺陷的方法，用于缺陷的检测、定量和定位。

48. 什么是磁粉检测？

利用在强磁场中，铁磁性材料表层缺陷产生的漏磁场吸附磁粉的现象而进行的检测方法称为磁粉检测。

49. 什么是涡流检测？

用靠近导电被检物的检测线圈的阻抗变化来指示由线圈感生

的涡电流，显示被检物缺陷的检测方法称为涡流检测。

50. 什么是渗透检测？

采用带有荧光染料(荧光法)或红色染料(着色法)的渗透剂的渗透作用，显示缺陷痕迹的检测方法称为渗透检测。

51. 什么是破坏检验？

从焊件或试件上切取试样或以产品(模拟体)的整体破坏做试验，以检查其各种力学性能的试验方法称为破坏检验。

52. 什么是管道加工？

管道加工是指管道装配前的预制工作，包括切割、套螺纹、开坡口、弯曲、焊接等。

53. 什么是自由管段？

自由管段是指在管道预制过程中，按照轴测图的尺寸要求先行进行加工的管段。

54. 什么是封闭管段？

封闭管段是指在管道预制过程中，按照轴测图选择确定的、经实测安装尺寸后再行加工的管段。

55. 什么是管道补偿？

管道补偿是指利用管道自身的几何形状及适当的支撑结构或设置补偿器等，以满足管道的热胀、冷缩或位移要求。

56. 什么是管托？

管托是指固定在管道底部与支承面接触的以利隔热(绝热)及摩擦等目的的构件。

57. 什么是管卡？

管卡是指用以固定管道、防止管道脱落为管道导向的构件。

58. 什么是导向支架？

导向支架是指限制管道径向位移，但允许轴向位移的支架。

59. 什么是滚动支架？

滚动支架是指装有滚筒或球盘使管道在位移时产生滚动摩擦的支架。

60. 什么是滑动支架？

滑动支架是指可以在支承平面内自由滑动的支架。

61. 什么是弹簧支架？

弹簧支架包括可变弹簧支架和恒力弹簧支架。可变弹簧支架是指装有弹簧使管道在限定范围内可竖向位移的支架。恒力弹簧支架是指根据力矩平衡原理，利用杠杆及圆柱螺旋弹簧来平衡外载的支架。支撑点产生竖向位移时支架荷载变化很小。

62. 什么是吊架？

吊挂管道的结构称为吊架。

63. 什么是支架间距？

相邻两支架的中心距离称为支架间距。

64. 什么是管件？

管件是指与管子一起构成管道系统本身的零部件的总称。包括弯头、弯管、三通、异径管、活接头、翻边短节、支管座、堵头、封头等。

65. 什么是阀门？

阀门是指流体输送系统中具有截止、调节、导流、防止逆流、稳压、分流或溢流泄压等功能的控制部件。包括闸阀、截止阀、止回阀、调节阀、安全阀等。

66. 什么是法兰?

法兰是指采用螺栓紧固方式用于管子与管子、管子与设备、设备与设备之间的组成件。包括平面法兰、榫槽面法兰等。

67. 什么是 PDS?

PDS 是一款三维模型设计软件,该软件不仅具有多专业设计模块、强大的数据库,还有应力计算、结构分析等功能软件接口,而且具有模型漫游功能,可发现设计中的错、漏、碰、缺等错误现象。模型设计在计算机上可动态直观地展示装置单元建成后的实际情景,有利于参建各厅更客观准确地作出决策,进行施工控制及生产维护。

68. 什么是 PDMS?

PDMS 是一款工厂三维布置设计软件管理系统。在 PDMS 中,多个专业组可以协同设计以建立一个详细的 3D 数字工厂模型,每个设计者在设计过程中都可以随时查看其他设计者正在干什么,同时元件信息全部可以存储在参数化的元件库中。PDMS 能自动地在元件和各专业设计之间进行碰撞检查,从而在整体上保证设计结果的准确性。PDMS 输出的图形符合传统的工业标准,此外,它也可以按照设定的风格和式样输出各种标准的工程报告和材料报表。

第二章　识　图

1. 弯头在图纸上是怎样表示的？

弯头的表示如图 1-2-1 所示。

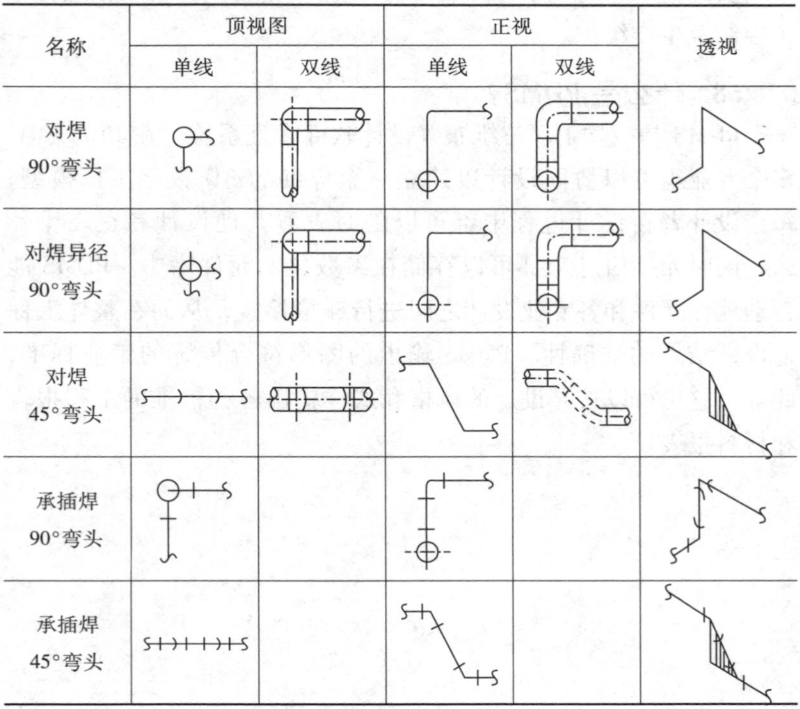

名称	顶视图		正视		透视
	单线	双线	单线	双线	
对焊 90°弯头					
对焊异径 90°弯头					
对焊 45°弯头					
承插焊 90°弯头					
承插焊 45°弯头					

图 1-2-1　弯头绘制

2. 三通在图纸上是怎样表示的?

三通的表示如图 1-2-2 ~ 图 1-2-4 所示。

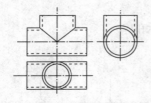 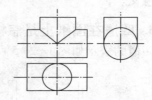

(a) 同径三通的三视图　　　　　(b) 同径三通的三视图

图 1-2-2　同径三通的三视图

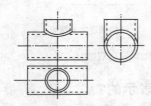 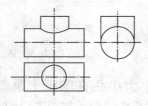

(a)异径三通的三视图　　　　　(b)异径三通的三视图

图 1-2-3　异径三通的三视图

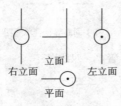

(a)三通的三视图　　　　　　(b)三通的平面图

图 1-2-4　三通的三视图及平面图

图 1-2-4 是三通的三视图及平面图。在图 1-2-2(a)平面图上先看到立管的断口,所以把立管画成一个圆心有点的小圆,横管画到小圆边上。在左立面(左视图)上先看到横管的断口,因此把横管画成一个圆心有点的小圆,立管画在小圆两边。在右边立

面图(右视图)上，先看到立管，横管的断口在背面看不到，这时横管画成小圆，立管通过圆心。图1-2-2(b)的两种形式是表示同一意义。

3. 四通在图纸上是怎样表示的？

四通的表示如图1-2-5所示。

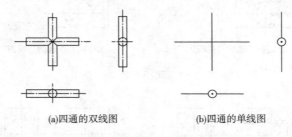

(a)四通的双线图   (b)四通的单线图

图1-2-5 四通的单线图及双线图

4. 大小头在图纸上是怎样表示的？

大小头的表示如图1-2-6、图1-2-7所示。

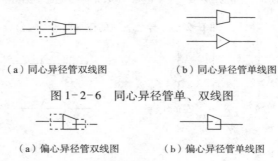

（a）同心异径管双线图   （b）同心异径管单线图

图1-2-6 同心异径管单、双线图

（a）偏心异径管双线图   （b）偏心异径管单线图

图1-2-7 偏心异径管单、双线图

5. 阀门在图纸上是怎样表示的？

阀门的表示如图1-2-8所示。

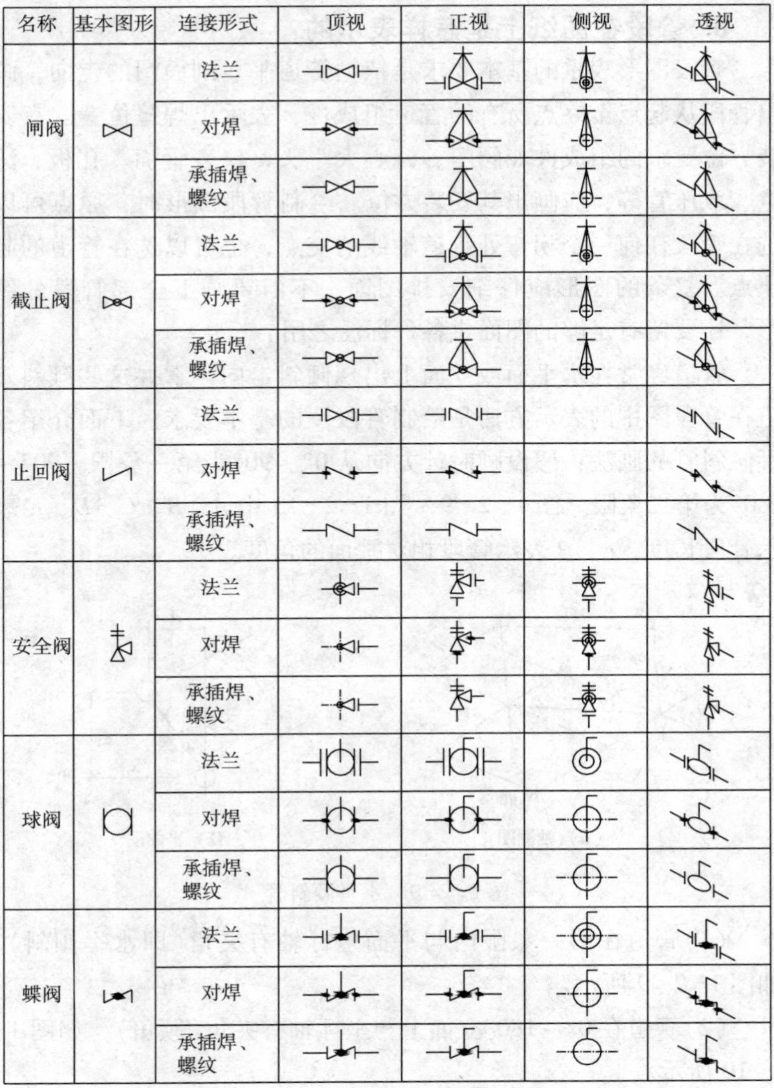

名称	基本图形	连接形式	顶视	正视	侧视	透视
闸阀	▷◁	法兰				
		对焊				
		承插焊、螺纹				
截止阀	▷◁	法兰				
		对焊				
		承插焊、螺纹				
止回阀		法兰				
		对焊				
		承插焊、螺纹				
安全阀		法兰				
		对焊				
		承插焊、螺纹				
球阀		法兰				
		对焊				
		承插焊、螺纹				
蝶阀		法兰				
		对焊				
		承插焊、螺纹				

图 1-2-8 主要阀门图例

6. 管段在图纸上是怎样表示的？

管段图形表示的基本要求是依据管道平、剖面图的走向，画出管段从起点至终点所有的管道组成件，表示出焊缝位置。有安装方位要求的组成件如阀门、偏心大小头、仪表管嘴、孔板、法兰、取压管等，应画出其安装方位。绘制管段图形时，原点可以选在管段任何一个拐弯处管道轴线的交点，也可以选在管道的起止点。复杂的图形应仔细安排图面，不但要画下全部管段的图形，还要留有足够的图面供各种标注之用。

管道经常在水平面或立面上出现倾斜走向，掌握这些倾斜管道在管段图中的表示方法是绘制管段图的基本要求。下面介绍各种倾斜管的画法：假设顺时针方向从 0°~90° 为第一象限，90°~180° 为第二象限。图 1-2-9~图 1-2-13 中 A、B、C、D、E 表示管段长度，α、β 表示管段相对平面的角度。

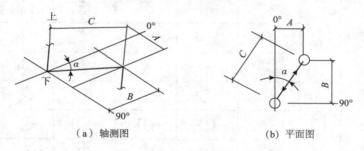

（a）轴测图　　　　　　（b）平面图

图 1-2-9　水平倾斜管

（1）管道在第一象限内与平面坐标轴有夹角（即水平倾斜），如图 1-2-9 所示。

（2）管道在 0°~180° 立面上与坐标轴有夹角（倾角），如图 1-2-10 所示。

（3）管道与平面坐标轴及立面坐标轴均有夹角（第一象限），如图 1-2-11 所示。

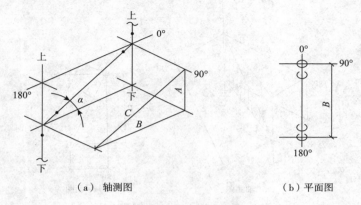

（a）轴测图　　　　　　　（b）平面图

图 1-2-10　垂直倾斜管

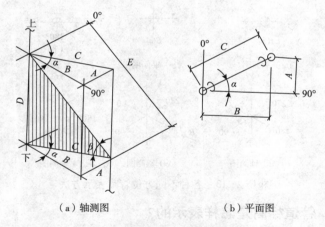

（a）轴测图　　　　　　　（b）平面图

图 1-2-11　水平、垂直倾斜管

（4）管道与平面坐标轴及立面坐标轴均有夹角（第二象限），如图 1-2-12 所示。

（5）各种不同方位管嘴的表示方法示例，如图 1-2-13 所示。

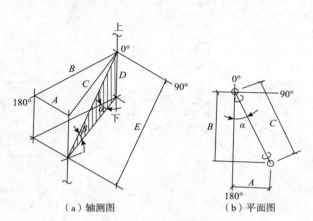

（a）轴测图　　　　　　　（b）平面图

图 1-2-12　水平、垂直倾斜管

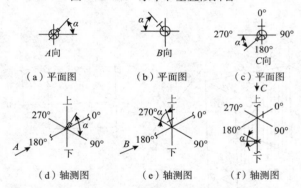

图 1-2-13　各种不同方位管嘴表示方法

7. 管道标高是怎样表示的?

管道标高的表示如图 1-2-14 所示。

名　　称	基本图形及标注	
管顶标高	▽ ××××	EL. ××××TOP
管底标高	▼ ××××	EL. ××××BOP
管中心标高	▽ ××××	EL. ××××COP
其他标高	▽ ××××	EL. ××××

图 1-2-14　标高的表示方法

8. 管道标高有哪几种标注方法?

管道标高的标注方法: 在施工图中经常有一个小的直角等腰三角形, 三角形的尖端或向上或向下, 这是标高的符号。标高的单位以 m 计算, 但不需标注 m。一般远离建筑物的室外管道标高大多数以绝对标高表示, 如图1-2-15 所示。

图 1-2-15 标高符号及注法

9. 方位标是如何标注的?

方位标是确定管道安装方位基准的图标。管道图中的方位标通常为指北针或风向玫瑰图, 指北针表示建筑物或管线的方位。在建筑总平面图或室外总体管道布置图上, 还可以用风向频率玫瑰图来表示朝向。在管道平面图上, 常用带有指北方向的坐标方位图表示朝向。管道方位标如图1-2-16 所示。

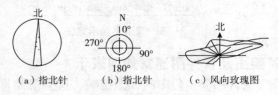

(a) 指北针　　(b) 指北针　　(c) 风向玫瑰图

图 1-2-16 方位标

10. 坡度及坡向是如何标注的?

管道的坡度及坡向是表示管道的倾斜程度和倾斜方向, 坡度常用符号"i"表示, 在其后加上等号并标注坡度值, 坡向用单向箭头表示, 箭头指向低的一端。常用表示方法如图1-2-17 所示。

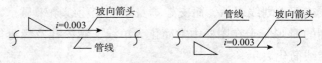

图 1-2-17 坡度及坡向的表示方法

11. 管线在平面图中标注包含哪些内容？

管线在平面图中应标注出如管径、介质类别、材料选用等级、流水号、标高、隔热、伴热、介质流向、坡度等管道特征标志。这些标注应整齐有序、适当集中、便于查找。同一根管道距离较长时，在适当距离处应重复标注。与邻区相接的管道应在分区界线处加以标注，某些有着方向性的管道的在平立面图上均应标注，如图 1-2-18 所示。

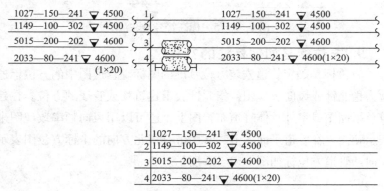

图 1-2-18　管道平面示意图

12. 管架图及管件图通常如何表示？

管架图及管件图属工程图的详图范畴，这类图样与一般机械图样相近。有关设计单位对各种类型的管道支架和管件图作了规定。因此，多数支架有标准图可直接查到。

管架图是表达管架的具体结构、制造及安装尺寸的图样。图 1-2-19 是一种固定在混凝土柱头上的管架图。从图 1-2-19 中可知，管道、保温材料和不属管架制作范围的建(构)筑物一般用细实线或双点划线表示，而支架本身则用较粗线条来显示。用圆钢弯制的 U 形管卡在图样中常简化为单线，螺栓孔及螺母等则以交叉粗线简化表示。

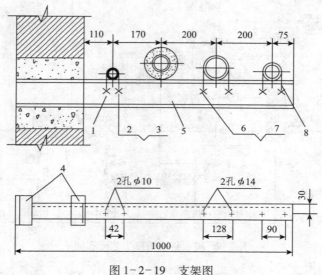

图 1-2-19 支架图

1—U 形螺栓(ϕ8);2—斜垫圈(ϕ8);3—螺母(M8);

4—角钢($\angle 40 \times 40 \times 4.5, l = 120$);5—槽钢($120 \times 53 \times 5.5, l = 1000$);

6—螺母(M12);7—斜垫圈(ϕ12);8—U 形螺栓(ϕ12)

13. 什么是管道及仪表流程图(P&ID)?

管道及仪表流程图(P&ID)是对一个生产系统或一个化工装置的整个工艺变化过程的表示。通过流程图可以对设备的位号(或编号)、建(构)筑物的名称及整个系统的仪表控制点(温度、压力、流量及分析的测点)有一个全面的了解,是管道安装验收的主要依据,在图上一般不反映真实尺寸,如图 1-2-20 所示。

14. 什么是管道平面图?

管道平面图是施工图中最基本的一种图纸,它主要表示建(构)筑物、设备及管线之间的平面位置关系及布置情况,反映管线的走向、坡度、管径、排列及平面尺寸,还反映管线的分布情况,管路附件及阀门的位置、型号、规格等,如图 1-2-21 所示。

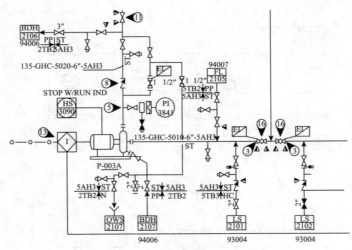

图 1-2-20 某泵局部工艺流程图

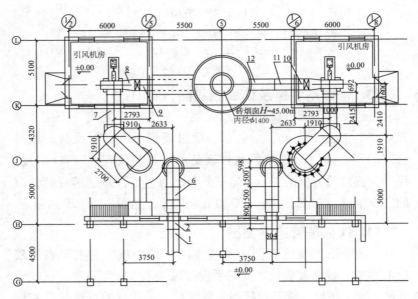

图 1-2-21 引风系统管道平面图

15. 什么是管道轴测图？

　　管道轴测图是管路系统的一种立体图，它能在一个图面上同时反映出管线的空间走向和实际位置，帮助读者想象管线的布置情况，减少看正投影图的困难，它的这些优点能弥补平立面图的不足之处，是管道施工图中的重要图像之一。它由图和材料表两部分组成，如图 1-2-22 ~ 图 1-2-24 所示。

序号	名称	描述	尺寸	材料编码	数量
1	管子	管子，SCH160，A106 GR，B，SMLS，PE，ASME B36. 10	6	PPSP1506A - A6	6.6M
2	管件	90 - 弯头，SCH160，A234 GR WPB - S（A106 GR B），BW，LR，SMLS，ASME B16. 9	6	JELSB1601L - A6	3
3	管件	45 - 弯头，SCH160，A234 GR WPB - S（A106 GR B），BW SMLS，ASME B16. 9	6	JEKSB1601L - A6	1
4	阀门	STOP 阀，CL1500，A216 GR WCB，TRIM：FHF TRIM（API # 5），PB，OSAY，FLITE - FLOWTYPE，GO，BW/SCH160，ASME B16. 34	6	KEAE02G - A6	1
5	管架	PIPE SUPPORT	6	RS	1

图 1-2-22　管道材料表

管径 SIZE	管线号及等级 LINE No. 及 SPEC.		操作温度/℃ OPE. TMP.	操作压力/MPa OPE. PR.	保温类型 INSULATION TYPE	保温厚度 INSULATION THE	刷漆 PAINTING
6	112 - BW - 12001Z	FIA	143.00	15.060	H	H1 60.000	5

图 1-2-23　管线等级描述

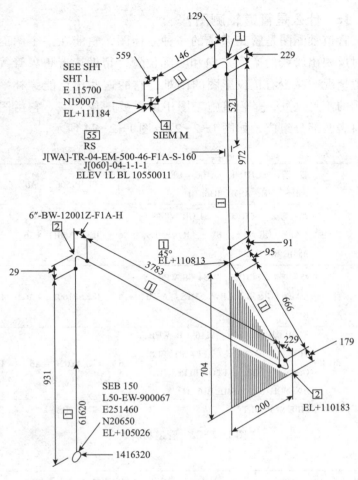

图 1-2-24　管道轴测图

16. 什么是管道立面图、剖面图?

管道立面图和剖面图是表达建(构)筑物和设备的立面布置管线在垂直方向上的排列和方向,以及管线编号、管径、标高、坡度和坡向等具体数据,如图 1-2-25 所示。

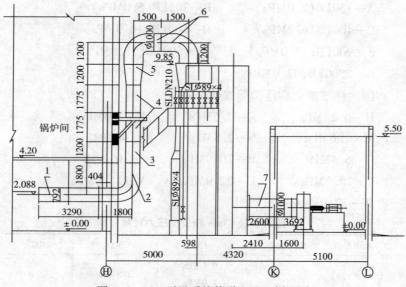

图1-2-25 引风系统管道立面、剖面图

17. 管道材料等级如何表示？

管道材料等级一般由一串数字、字母来表示该管道的压力、介质、材料、规格等主要由下列3个单元组成：具体符号定义应以设计资料文件为准。

通常如下表示：

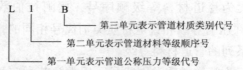

第一单元为管道的公称压力等级代号，用大写英文字母表示。A~G用于ASME标准压力等级代号。H~Z用于国内标准压力等级代号（其中I、J、0、X不用）。

ASME标准的公称压力等级代号：

A—150LB(2.0MPa)　　　B—300LB(5.0MPa)

C—400LB(6.4MPa)　　　D—600LB(10.0MPa)

E—900LB(15.0MPa)　　　F—1500LB(25.0MPa)

G—2500LB(42.0MPa)

国内标准的公称压力等级代号：

H—0.25MPa　　　K—0.6MPa　　　L—1.0MPa

M—1.6MPa　　　N—2.5MPa　　　P—4.0MPa

Q—6.4MPa　　　R—10.0MPa　　　S—16.0MPa

T—20.0MPa　　　U—22.0MPa　　　V—25.0MPa

W—32.0MPa

压力等级 Class 和公称压力对照

ASME 磅级 ASMEClass	150	300	400
公称压力/MPa	0.6MPa 1.0MPa 1.6MPa 2.0MPa	2.5MPa 4.0MPa 5.0MPa	6.4MPa
公称压力 PN	PN6 PN10 PN16 PN20	PN25 PN40 PN50	PN6.4

　　第二单元为管道材料等级顺序号，用阿拉伯数字表示，由 1~9 组成。在压力等级和管道材质类别代号相同的情况下，可以有 9 个不同系列的管道材料等级。

　　第三单元为管道材质类别代号，用大写英文字母表示。常用材质代号为：

A —铸铁　　　B—碳钢　　　C—普通低合金钢

D—合金钢　　　E—不锈钢　　　F—有色金属

G—非金属　　　H—衬里及内防腐

18. 管道交叉、重叠、积聚怎么表示?

管道交叉、重叠、积聚表示方法如下:

(1)管道交叉

①单线图管子在平面图、正立面图上的交叉,如图1-2-26所示。

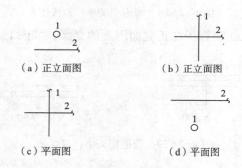

（a）正立面图　　　　　　　（b）正立面图

（c）平面图　　　　　　　　（d）平面图

图1-2-26　管道交叉单线图

②双线图管子在平面图、正立面图上的交叉,如图1-2-27所示。

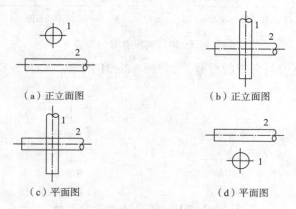

（a）正立面图　　　　　　　（b）正立面图

（c）平面图　　　　　　　　（d）平面图

图1-2-27　管道交叉双线图

③单、双线图管子在平面图的交叉，如图 1-2-28 所示。

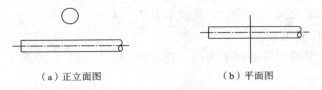

（a）正立面图　　　　　　（b）平面图

图 1-2-28　管道交叉单、双线图

④单、双线图管子在正立面图上的交叉，如图 1-2-29 所示。

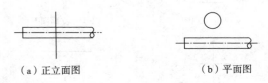

（a）正立面图　　　　　　（b）平面图

图 1-2-29　管道交叉单、双线图

（2）管道重叠

①两根直管的重叠，如图 1-2-30 所示。

（a）从管道的一边折断　　　　（b）从两头往中间折断

图 1-2-30　两根直管的重叠

②直管与弯管的重叠，如图 1-2-31 所示。

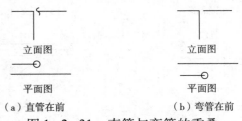

（a）直管在前　　　　　　（b）弯管在前

图 1-2-31　直管与弯管的重叠

③多根直管的重叠，如图 1-2-32 所示。

图1-2-32 多根直管的重叠

（3）管道积聚

①直管与弯头的积聚，如图1-2-33所示。

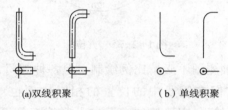

图1-2-33 直管与弯头的积聚

②管子与阀门的积聚，如图1-2-34所示。

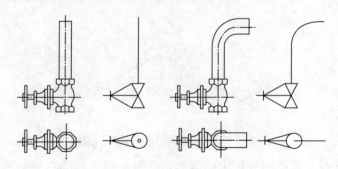

图1-2-34 管子与阀门的积聚

19. 如何绘制管道轴测图？

（1）管道轴测图按正等轴测投影绘制。管道的走向按方位标的规定，这个方位标的北（N）向与管道布置图上的方位标的北向应是一致的，如图1-2-35所示。

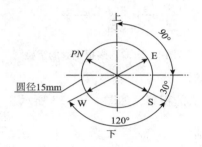

图1-2-35　方位标

（2）管道轴测图不必按比例绘制，但各种阀门、管件之间比例要协调，它们在管段中的位置的相对比例也要协调，如图1-2-36中的阀门，应清楚地表示它是紧接弯头而离三通较远。管道上的焊缝以实心圆表示。水平走向的管段中的法兰画垂直短线表示。

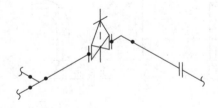

图1-2-36　管道阀门法兰轴测示意图

（3）垂直走向管段中的法兰，一般是以邻近的水平走向的管段相平行的短线表示，螺纹连接与承插焊连接均用一短线表示，在水平管段上此短线为垂直线，在垂直管段上，此短线与邻近的水平走向的管段相平行，如图 1-2-37 所示。

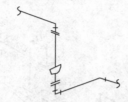

图 1-2-37　承插、螺纹连接轴测示意图

（4）阀门的手轮用一短线表示，短线与管道平行。阀杆中心线按所设计的方向画出，如图 1-2-38 所示。

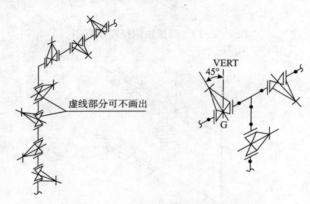

图 1-2-38　阀门手轮各种安装方向轴测示意图

（5）管线在轴测图上一律用单线表示。在管道的适当位置上画流向箭头。管道号和管径注在管道的上方。水平向管道的标高"EL"注在管道的下方，不需标注管道号仅需注明标高时，标高可注在管道的上方或下方，如图 1-2-39 所示。

（6）在同一轴测图中不同材质及压力等级的管道应标注出分段点，分段点两边应标出材质等级，如图 1-2-40 所示。

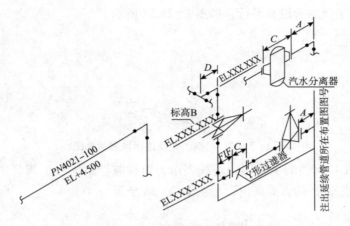

图 1-2-39　管道轴测标高示意图

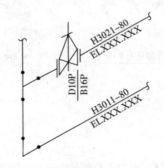

图 1-2-40　管道轴测分段点示意图

20. 管道轴测图尺寸怎么标注?

（1）以 mm 为单位（其他单位的要注明），只注数字、不注单位，如图 1-2-41 所示。

（2）一般情况下垂直管道不标注长度尺寸，而用水平管道的标高"EL"来表示，如图 1-2-42 所示。

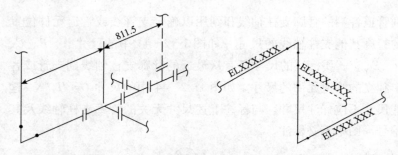

图1-2-41　管道尺寸标注示意图　图1-2-42　垂直管道标高标注示意图

（3）标注水平管道的尺寸线应与管道相平行。尺寸界线为垂直线，如图1-2-43所示。水平管道要标注的尺寸有：从所定基准点到等径支管、管道改变走向处、图形的接续分界线的尺寸，如图1-2-43中的尺寸 A、B、C 所示。基准点尽可能与管道布置图上的一致，以便于校对。要标注的尺寸还有：从最邻近的主要基准点到各个独立的管道元件如孔板法兰、异径管、拆卸用的法兰、仪表接口、不等径支管的尺寸。如图1-2-43中的尺寸 D、E、F，这些尺寸不必标注。

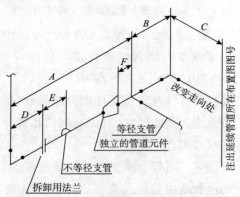

图1-2-43　水平管道的尺寸界线标注示意图

（4）对管廊上的管道，要标注的尺寸有：从主项的边界线、图形的接续分界线、管道改变走向处、管帽或其他形式的管端点到管道各端的管廊支柱轴线和到用以确定支管线或管道元件位置的管廊其他支柱轴线的尺寸，如图 1-2-44 中的尺寸 *A*、*B*、*C*、*D*、*E*、*F*。要标注的尺寸还有从最近的管廊支柱轴线到支管或各个独立的管道元件的尺寸。如图 1-2-44 中的尺寸 *G*、*H*、*K*，这些尺寸不应标注尺寸。与标注上述尺寸无关的管廊支柱轴线及其编号，图中不必标注。

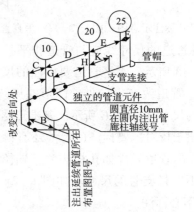

图 1-2-44　管廊上管道的尺寸标注示意图

（5）管道上带法兰的阀门和管道元件的尺寸标注方法：

①注出从主要基准点到阀门或管件元件的一个法兰面的距离，如图 1-2-45 中的尺寸 *A* 和标高 *B*。

②对调节阀和某些特殊管道元件如分离器和过滤器等，需标注出它们法兰面至法兰面的尺寸（对标准阀门和管件可不注），如图 1-2-45 中的尺寸 *C*。

③管道上用法兰、对焊、承插焊、螺纹连接的阀门或其他独立的管道元件的位置是由管件与管件直接相接（FTF）的尺寸所决定时，不要注出它们的定位尺寸，如图 1-2-45 中的 Y 形过滤器与弯头的连接。

④定型的管件与管件直接相连时，其长度尺寸一般可不必标注，但如涉及管道或支管的位置时，也应注出，如图1-2-45中的尺寸 D。

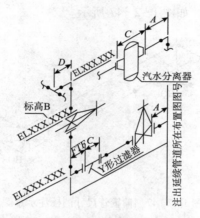

图1-2-45 定型管件与管道及支管的尺寸标注示意图

（6）螺纹连接和承插焊连接的阀门，其定位尺寸在水平管道上应注到阀门中心线，在垂直管道上应注阀门中心线的标高"EL"，如图1-2-46所示。

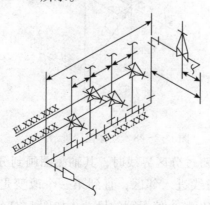

图1-2-46 螺纹连接及承插焊阀门中心线标高标注示意图

(7)偏置管尺寸的注法：

①不论偏置管是垂直的还是水平的，对于非 45°的偏置管，要注出两个偏移尺寸而省略角度；对 45°的偏置管，要注出角度和一个偏移尺寸，如图 1-2-47 所示。

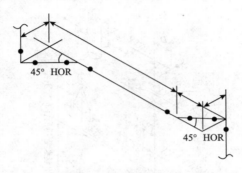

图 1-2-47　偏置管尺寸的标注示意图

②对立体的偏置管，要画出 3 个坐标轴组成的六面体，便于识图，如图 1-2-48 所示。

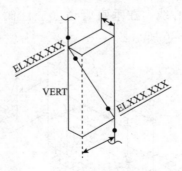

图 1-2-48　立体偏置管示意图

(8)偏置管跨过分区界线时，其轴测图画到分界线为止，但延续部分要画虚线进入邻区，直到第一个改变走向处或管口为止，这样就可注出整个偏置管的尺寸，如图 1-2-49 所示。这种方法用于两张轴测图互相匹配时。

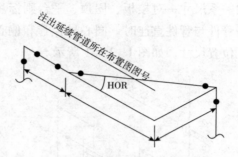

图 1-2-49　偏置管分区界线示意图

（9）为标注管道尺寸的需要，应画出容器或设备的中心线（不需画外形），注出其位号，如图 1-2-49 右上角所示，若与标注尺寸无关时，可不画设备中心线。标注容器或设备管口相接的管道的尺寸，其水平管口应画出管口和它的中心线，在管口近旁注出管口符号，在中心线上方注出设备的位号，同时注出中心线的标高"EL"；对垂直管口应画出管口和它的中心线，注出设备位号和管口符号，再注出管口的法兰面或端面的标高"EL"，如图 1-2-50 所示。

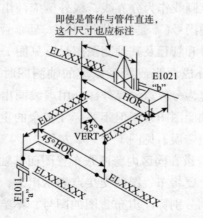

图 1-2-50　设备口与管道间尺寸标注示意图

（10）要表示出管道穿过的墙、楼板、屋顶、平台。应标注出墙面与管道的关系尺寸；对楼板、屋顶、平台则标注出它们各自的标高。不是管件与管件直连时，同心异径管和偏心异径短管一律以大端标注位置尺寸，如图1-2-51所示。

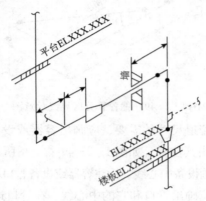

图1-2-51　穿墙管道尺寸标注示意图

（11）管道横穿主项边界，边界线用细的点画线表示，在其外侧注"B. L"，见图1-2-52左侧。管道从一个区到另一个区，在交界处画细的点画线作为分界线，线外侧应注出延续部分所在管道布置平面图的图号（不是轴测图图号）。延续管道绘出一小段虚线，注明管道号和管径及其轴测图图号，见图1-2-52右侧。比较复杂的管道分成两张或两张以上的轴测图时，常以支管连接点、法兰、焊缝为分界点，界外部分用虚线画出一段，注出其管道号、管径和轴测图图号，但不要标注多余的重复数据，避免在修改过程中发生错误，见图1-2-52左侧。

（12）一根管道在同区内跨两张布置图而其轴测图又绘在一起时，在轴测图上要将布置图的交接点表示出来，交接点处画细点画线，线的两侧分别标注出布置图的图号，不给定位尺寸，如图1-2-53所示。要表示出流程图和其他补充要求的全部管道等级

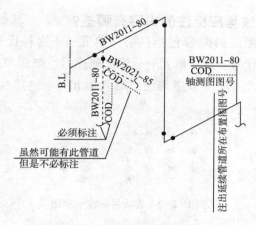

图1-2-52 边界管道尺寸标注示意图

的分界点，在分界点两侧分别标注出管道等级。其他补充要求是指某一等级的管道上与设备管口、调节阀、安全阀（因这些管口、调节阀、安全阀的法兰和与其相连接的管道的等级不同）相连接的法兰或管件的等级，如图1-2-53左上角所示。在设计规定以外的某些特殊法兰（如与压缩机等机械相连接的法兰），在等级分界点标注出法兰的压力等级，如图1-2-53右下角所示。

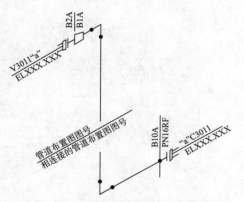

图1-2-53 跨图管道尺寸标注示意图

21. 管线号应标注的内容有哪些？

管线号标注的内容包括：第一单元——物料代号、第二单元——主项代号、第三单元——管道顺序号、第四单元——管道规格、第五单元——管道等级、第六单元——绝热或隔声代号。如图 1-2-54 所示。

PG—13　10—300　—　A1A—H
第　第　第　第　　　第　第
1　　2　　3　　4　　　　5　　6
单　单　单　单　　　单　单
元　元　元　元　　　元　元

图 1-2-54 管线号标注示意图

第三章 工机具

1. 管工常用工具有哪些?

(1)圆头锤:圆头锤是管工组对安装时使用最广的一种手锤。它的一端呈圆球状,通常用来敲击铆钉;另一端为圆柱平面,用于一般锤击。如图1-3-1(a)所示。

(2)八角大锤:一般组对大口径管道和较大管支架时使用的,管工使用的八角大锤规格一般有6磅、8磅、10磅;材质一般有铜和铁,一般的使用铁材质,有防爆要求的使用铜材质。如图1-3-1(b)所示。

(a) 圆头锤　　　　　　　　　　　　(b) 八角大锤

图1-3-1 锤子

(3)钢丝钳:DN25以下管道管件组对、伴热线捆扎、小型工卡具夹持等用途,常用的钢丝钳以6″、7″、8″为主,1″等于24.5mm,按照平均身高1.7m左右计算,7″(175mm)的用起来比较合适，8″的力量比较大，但是略显笨重，6″的比较小巧，剪切稍微粗点的钢丝就比较费力，如图1-3-2所示。

图1-3-2　钢丝钳

（4）管钳：管钳是螺纹管制品相互连接或将相互连接的螺纹拆卸开的常用工具。管钳分为张开式和链条式两种。张开式管钳又称普通式管钳，其应用较广泛。链条式管钳是借助钢链条将管子箍紧，作拧紧管螺纹或转动大管径管子用，如图1-3-3、表1-3-1所示。

(a) 张开式管钳

(b) 链条式管钳

图1-3-3　管钳

表 1 - 3 - 1 管钳的规格及适用范围

管钳名称	规格/in	适用连接管子范围/in
普通管钳	10	3/8 ~ 1/2
	12	1/2 ~ 3/4
	14	3/4 ~ 1
	18	1¼ ~ 2
	24	2 ~ 3
	36	3 ~ 4
链条管钳	36	3 ~ 5
	40	4 ~ 6
	48	6 ~ 10

(5)扳手：扳手俗称扳头，种类规格较多，有固定扳手、活扳手、整体扳手(分正方形、六角形、梅花扳手)、成套套筒扳手。管工常用扳手如下：

①活扳手：活扳手是活络扳手的简称，由固定钳口扳柄、活络钳口以及调整螺母 3 部分组成。可用于拧紧和松开多种规格的六角头或方头螺栓、螺母等，管工常用的活扳手规格一般有：8″、10″、12″、15″、18″、24″；活扳手一般采用 CR - V 钢(CR - V 钢是加入铬钒合金元素的合金工具钢，热处理后硬度为 HRC60 洛氏硬度以上)、碳钢、铬钒钢等材质。如图 1 - 3 - 4(a)所示。

②梅花扳手：梅花扳手俗称眼睛扳手，其使用优点是它只要转过 30°，就能调整施力方向，灵活性较强，特别适用于工作空间窄小的地方。如图 1 - 3 - 4(b)所示。

③敲击扳手：是设备安装、设备检修、维修工作中的必需工具。敲击扳手分为公制和英制两种。敲击扳手的材料：采用 45 号中碳钢或 40Cr 合金钢整体锻造加工制作。敲击扳手有敲击呆扳手、敲击梅花扳手、敲击六角扳手 3 种类型；敲击呆扳手有直柄

敲击呆扳手、弯柄敲击呆扳手、高颈敲击呆扳手等品种；敲击梅花扳手有直柄敲击梅花扳手、弯柄敲击梅花扳手、凸型敲击梅花扳手、高颈敲击梅花扳手等品种；敲击六角扳手有直柄敲击六角扳手、弯柄敲击六角扳手、凸型敲击六角扳手、高颈敲击六角扳手等品种。如图1-3-4(c)所示。

④套筒扳手：套筒扳手简称作套筒板头，除具有一般扳手功能外，主要用于普通扳手难以接近螺母或螺钉的地方，比梅花扳手更为灵活。如图1-3-4(d)所示。

(a) 活扳手　　　(b) 梅花扳手　　　(c) 敲击扳手　　　(d) 套筒扳手

图1-3-4　扳手

(6)锉刀：锉刀表面上有许多细密刀齿、条形，用于锉光工件的手工工具，管工一般使用平锉、半圆锉、圆锉3种，用于去除切割后氧化铁清理、法兰面处理、管内口的处理。如图1-3-5所示。

图1-3-5　锉刀

（7）剪刀：管工使用剪刀用于制作垫片（包括合成树脂、橡胶），剪镀锌铁皮用于隔离设备。如图1-3-6所示。

（8）划规：划规也被称作圆规、划卡、划线规等，在管工划线工作中可以划圆和圆弧、等分线、等分角度以及量取尺寸等，是用来划垫片、放样的基本工具。如图1-3-7所示。

图1-3-6 剪刀　　　　　　　　图1-3-7 划规

（9）撬杠：撬杠是一种省力的杠杆，撬杠实际上就是一个棒子，形状可是是直的或者弯的；管工使用的撬杠材料可以是金属的，撬棒一般有楔形工作端头，另一端为箭头，用于管道组对、法兰组对的工具。如图1-3-8所示。

图1-3-8 撬杠

2. 管工常用量具有哪些?

(1)钢卷尺:石化工程常用的工量具,卷尺上的数字单位是cm,卷尺头是松的,以便于量尺寸。卷尺量尺寸时,有两种量法:一种是挂在物体上;一种是顶到物体上。两种量法的差别就是卷尺头部铁片的厚度。卷尺头部松的目的就是在顶在物体上时,能将卷尺头部铁片补偿出来,一般分为 2m、3m、5m、7.5m、10m 五种规格。如图 1-3-9(a)所示。

(2)盘尺:石化工程常用的工量具,盘尺上的数字单位是cm,盘尺分为手提式插地式两种形式,一般分为 20m、30m、50m、100m 四种规格。如图 1-3-9(b)所示。

(a)钢卷尺　　　　　　　　　(b)盘尺

图 1-3-9　钢尺

(3)钢直尺:钢直尺又称钢板尺,用于测量机械工具及管配件。长度有 150mm、300mm、500mm、1000mm 四种。如图 1-3-10(a)所示。

(4)直角尺:直角尺用于安装过程中校验直角、下料划线时的测量、划垂直线、平行线等。如图 1-3-10(b)所示。

(5)水平尺:管工常用的是一种由金属壳(一般采用铝合金)和水泡玻璃管构成的水平尺。一般由 3 个水泡玻璃管组成,其平

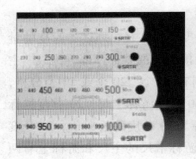

（a）钢直尺

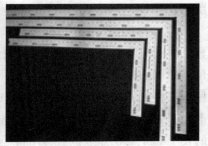

（b）钢角尺

图 1-3-10 钢尺

面中央装有一个横向水泡玻璃管，用以检查平面水平，两侧一个垂直水泡玻璃管则可检查垂直度，另一侧斜水泡玻璃管则可检查45°，如图 1-3-11 所示。

图 1-3-11 水平尺

图 1-3-12 焊接检验尺

（6）焊接检验尺：焊接检验尺主要由主尺、滑尺、斜形尺 3 个零件组成，是用来测量焊接件坡口角度，焊缝宽度、高度，焊接间隙的一种专用量具，如图 1-3-12

所示。

（7）游标卡尺：是一种测量长度、内外径、厚度、深度的量具。游标卡尺由主尺和附在主尺上能滑动的游标两部分构成。主尺一般以 mm 为单位，而游标上则有 10 个、20 个或 50 个分格，根据分格的不同游标卡尺可分为 10 分度游标卡尺、20 分度游标卡尺、50 分度格游标卡尺等，游标为 10 分度的长 9mm，20 分度的长 19mm，50 分度的长 49mm。游标卡尺的主尺和游标上有两副活动量爪，分别是内测量爪和外测量爪，内测量爪通常用来测量内径，外测量爪通常用来测量长度和外径。其规格按测量范围分 为 150mm、200mm、250mm、300mm，读 数 值 可 精 确 至 0.1mm、0.05mm、0.02mm，如图 1-3-13 所示。

（8）磁力线坠：用于测量和矫正立管等安装的垂直度。使用方法：将磁力线锤固定在立管的最高端，拉下铅锤，利用钢直尺（或钢卷尺）测量磁力线锤的线与立管（或被测物体）之间的间距，至少测量上中下 3 点的距离，取最大值为判定标准。如图 1-3-14 所示。

图 1-3-13　游标卡尺　　　　图 1-3-14　磁力线坠

（9）压力表：是指以弹性元件为敏感元件，测量并指示高于环境压力的仪表，应用极为普遍。它几乎遍及所有的工业流程和科研领域，在热力管网、油气传输、供水供气系统等领域随处可见。我国压力表测量范围标准系列有： - 0.1 ～ 0.06MPa、0.15MPa、1 MPa、1.6 MPa、2.5MPa、4MPa 、6 MPa 、10 MPa 、

16 MPa 、25 MPa、40 MPa、60 MPa 等；一般压力表的测量精确度等级分别为1.0级、1.6级、2.5级、4.0级。在管道压力试验时应用最多，在测量稳定压力时，最大工作压力不应超过测量上限值的2/3，精度等级一般选用1.6级。如图1-3-15所示。

图1-3-15　压力表

3. 管工常用电动机具有哪些?

（1）手电钻：手电钻就是以交流电源或直流电池为动力的钻孔工具，是手持式电动工具的一种。手电钻用于不便于在固定式钻床上加工的金属结构件上钻孔，手电钻钻孔最大直径为 $\phi13$。如图1-3-16所示。

图1-3-16　手电钻

（2）台式钻：台式钻床简称台钻，是一种体积小巧，操作简便，通常安装在专用工作台上使用的小型孔加工机床。台式钻床钻孔直径一般在 32mm 以下，最大不超过 32mm。如图 1-3-17 所示。

图 1-3-17　台式钻

（3）摇臂钻床：又称摇臂钻。摇臂钻是一种孔加工设备，可以用来钻孔、扩孔、铰孔等多种形式的加工。管道施工中主要用来在主管上的开孔，按机床夹紧结构分类，摇臂钻可以分为液压摇臂钻床和机械摇臂钻床。在各类钻床中，摇臂钻床操作方便、灵活，适用范围广，大钻孔直径 100mm。如图 1-3-18 所示。

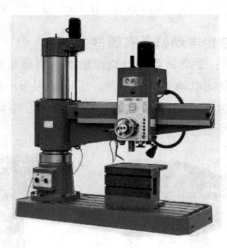

图 1-3-18　摇臂钻床

（4）电锤：电锤俗称冲击钻。用以在混凝土、砖墙和岩石上钻孔、开槽等工作。电锤的特点是同时具备旋转和冲击两个动作，因此能够单独完成冲击、旋转等多种功能用途，如图1-3-19所示。

图1-3-19 电锤

（5）角向磨光机：角向磨光机就是利用高速旋转的薄片砂轮以及橡胶砂轮、钢丝轮等对金属构件进行磨削、切削、除锈、磨光加工。对于管道施工常用来切割、打磨坡口及刷磨法兰面，常用的有（按砂轮片尺寸）100mm、125mm、150mm，如图1-3-20所示。

图1-3-20 角向磨光机

（6）内磨机：为手持式的电动工具，属二类电动工具，专门用来进行内孔研磨和管内口的打磨，如图1-3-21所示。

图 1-3-21 内磨机

(7)电剪刀：电剪刀是以单相串励电动机作为动力，通过传动机构驱动工作头进行剪切作业的双重绝缘手持式电动工具。它具有重量轻、安全可靠，方便剪切各种形状薄钢板等特点，一般用来剪垫片、放样样板、铝皮、镀锌板等，如图 1-3-22 所示。

图 1-3-22 电剪刀

(8)电动弯管机：电动弯管机的种类有多种，一般由电动机、液压系统组成。在加工弯管过程中为防止弯管弯曲段的椭圆度过大，对加工的弯管按其直径选用不同规格的芯棒和胎具，如图 1-3-23 所示。

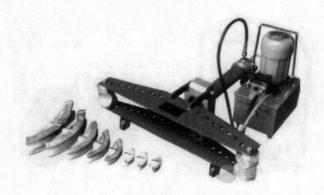

图 1-3-23 电动弯管机

（9）电动砂轮切割机：对于各种较小规格的型钢及金属管材的切割通常采用砂轮切割机，适用范围为小于等于 $DN100$ 管子和 14# 槽钢以下型材。如图 1-3-24 所示。

图 1-3-24 电动砂轮切割机

（10）电动液压扳手机：电动液压扳手机一般采用 220V 电源电动机、液压系统、扳手头、液压连接管组成，有拧紧和松开两种方向扭力。在使用时参照厂家提供的扭矩表。如图 1-3-25 所示。

图 1-3-25　电动液压扳手机

4. 管工常用起重工具有哪些?

（1）麻绳:麻绳是取各种麻类植物的纤维，一般有大麻、线麻、棉麻等。分干麻绳和油麻绳，油麻绳耐湿性好，但强度较低。现在施工多用干麻绳，其优点为轻便、柔软、易捆绑，缺点为易磨损，因此使用麻绳要根据磨损程度考虑最大允许拉力，以保证足够的安全系数。麻绳主要用于吊装小型设备和管道的辅助作业。常规直径为 0.5~60mm。麻绳只能作为溜绳使用，不能够用于吊装。如图 1-3-26 所示。

图 1-3-26　麻绳

（2）钢丝绳:由细钢丝捻制而成。钢丝绳是一种具有强度高、耐磨损、弹性大、能承受冲击载荷。钢丝绳用于起吊大口径管段，常用的钢丝绳有 6mm×19mm、6mm×37mm、6mm×61mm 等规格。如图 1-3-27 所示。

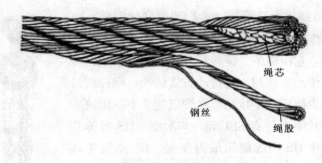

绳芯

钢丝

绳股

图 1-3-27　钢丝绳

（3）吊带：一般在吊装对成品保护要求较高的管材会被用到，如不锈钢、镍基合金、钛材等。吊带按类型分主要分为扁平吊带和圆形吊带大类。扁平吊带主要由尼龙纤维（聚酰胺合成纤维）、涤纶纤维（聚酯合成纤维）和丙纶纤维（聚丙烯合成纤维）制成。圆形吊带的材质主要是涤纶合成纤维（聚酯），外层用涤纶圆套管作为保护层，内芯用连续的 100% 的涤纶芯纱作为承受吊装负载。合成纤维吊装带除具有携带轻便、维护方便和良好的抗拉性外，还具有重量轻、强度高、不易损伤吊装物体表面等优异特点，它越来越受使用人员的青睐，并在许多方面逐步替代了钢丝绳索具。如图 1-3-28 所示。

图 1-3-28　吊带

（4）链式手拉葫芦：手拉葫芦又称倒链，由人工操作，是一种使用简单、携带方便的手动起重机械。它由链条、链轮和差动齿轮等组成，分为蜗杆传动方式和齿轮传动方式两种。蜗杆式目前已很少使用。手拉葫芦在管道施工中应用较为广泛，其中型号有 SBL 型、WA 型、HS 型等几种，其中 HS 型的使用最为普遍。HS 型齿轮式手拉葫芦的特点为结构紧凑、操作简单、体积小、重量轻、携带方便、省力、效率高及使用平稳，起重高度为 3 ~ 25m，起重质量最高可达20t。如图 1－3－29 所示。

图 1－3－29 链式
手拉葫芦

（5）千斤顶：通过顶杆的伸缩而把重物顶起或落下的，它是顶升所用的主要工具。千斤顶由于结构简单、重量轻、便于移动、操作方便、安全可靠等优点，是管道施工中常用的机具之一，分机械式和液压式两种。

①机械式千斤顶顶推行程距离一般为 13 ~ 28cm，最大可达40cm。起重能力有 1t、5t、10t、15t、30t、50t 等 6 种。如图1－3－30(a)所示。

(a)机械式千斤顶　　　　(b)液压式千斤顶

图 1－3－30 千斤顶

②液压式千斤顶活塞行程一般为 16 ～ 20cm，特制的可达 1m 以上。常用的起重能力为 3 ～ 50t，根据使用要求不同，起重能力可高达 500t 甚至更大，常用型号为 YQ 型。其特点是承载能力较大、结构紧凑、工作平稳、操作简单省力、工作安全可靠、具有自锁能力、效率较高，但起重高度较小、起升速度慢。液压千斤顶比机械式千斤顶应用更为广泛。如图 1－3－30(b)所示。

5. 管道水压试验机具有哪些?

(1)手动试压泵：手动试压泵是测定受压容器及受压设备的重要测试仪器，最高工作压力可达 $800kgf/cm^2$，可在 0 ～ $800kgf/cm^2$ 范围内来作水压试验。如图 1－3－31 所示。

(2)电动试压泵：电动试压泵属于往复式柱塞泵，电机驱动柱塞，带动滑块运动进而将水注入被试压物体，使压力逐渐上升。该机由泵体、开关、压力表、水箱、电机等组成。如图 1－3－32所示。

图 1－3－31　手动试压泵　　　　图 1－3－32　电动试压泵

(3)卧式多级离心泵：该泵可供输送清水或物理化学性质类似于清水的液体。具有流量大、升压迅速等优势，适用于工业和

城市给排水、高层建筑增压供水、远距离送水。对于管工来说尤
其适用于管道系统水压试验注水及试验压力小于 3MPa 的系统。
如图 1-3-33 所示。

图 1-3-33 多级离心泵

6. 管道气压试验机具有哪些？

应采用空气压缩机。空气压缩机是一种用以压缩气体的设
备。空气压缩机与水泵构造类似。大多数空气压缩机是往复活塞
式，旋转叶片或旋转螺杆。离心式压缩机是大型压缩机，一般应
用在装置内。如图 1-3-34 所示。

图 1-3-34 空气压缩机

7. 管道螺纹加工工具有哪些？

（1）手动套丝机又叫普通管子铰板，是手工铰制金属管子
外螺纹的主要工具如图 1-3-35 所示。普通管子铰板是由机

体、板杆、板牙3个主要部分组成。普通管子铰板有几种不同的规格，每组规格的管子铰板分别都具有好几套相应的板牙，每套板牙可以套制两种不同尺寸的管螺纹。每套板牙均为4块，其牙体侧分别刻有1、2、3、4的号码及套制相应管螺纹的规格。机体上的每个板牙槽口处也刻有1、2、3、4的标号。安装时，先将机体上活动标盘的刻度与机体上固定盘的"0"标记对准，此时就可将选好规格的板牙与板牙槽口按号码一一对应装入，转动活动盘，板牙就固定在管子铰板中了。底盘尺寸可任意调整，四方板牙可单独更换，这些特点使手动套丝机成为经济、方便、灵活的套丝工具。由于底盘可针对管径大小而调整，因此给各个管径套丝时只换板牙即可，无需连套头和绞牙一齐换。

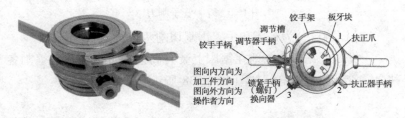

图 1-3-35　手动套丝机

（2）电动套丝机：电动套丝机是设有正反转装置，用于加工管子外螺纹的电动工具，是一种多功能电动机具，除了能够对管子及圆钢套丝外，还可实现对管子进行切割及管口倒角等。如图1-3-36所示。

图 1-3-36　电动套丝机

8. 管子切割工机具有哪些?

(1)管子割刀:割刀是用割刀器上的滚刀切断管子,所以割管器又称为滚刀切割器,一般可切割 *DN*100 以内的钢管。先将被割管件用管子压力钳夹牢后,旋转(推倒方向)加力杠能套进管件外,扶正,并缓慢旋紧加力丝杠,在感觉刀吃力时,便垂向绕管件旋转边均匀加力,最后直至割断管件。如图 1-3-37 所示。

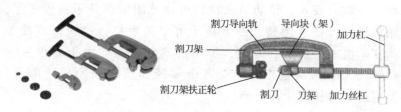

割刀导向轨　　导向块(架)
加力杠
割刀架
割刀架扶正轮　　割刀　刀架　加力丝杠

图 1-3-37　管子割刀

(2)锯割:分为锯床和手工锯割切割两种。

①锯床:锯床切割即在锯床上装有高速钢带锯条,可锯割各种金属管、塑料管等。如图 1-3-38 所示。

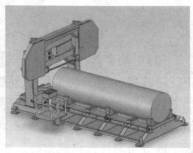

图 1-3-38　锯床

②钢锯:钢锯为手工锯割的主要工具也称为手工钢锯。钢锯是管工的常用工具,可切断较小尺寸的圆钢、角钢、扁钢和工件

等。钢锯包括锯架(俗称锯弓子)和锯条两部分,使用时将锯条安装在锯架上,一般将齿尖朝前安装锯条,但若发现使用时较容易断齿,就将齿尖朝自己的方向安装,可缓解断齿且能延长锯条使用寿命。钢锯使用后应卸下锯条或将拉紧螺母拧松,这样可防止锯架变形,从而延长锯架的使用寿命。锯条有单边齿和双边齿两类,又分粗齿(14 齿/25mm)、中齿(18~24 齿/25mm)和细齿(32 齿/25mm)几种规格,以适用于不同材质的锯割。为提高工作效率和避免断齿,锯割较硬的材质时选用细齿锯条,锯割较软的材质时选用粗齿锯条,锯割一般的材质选用中齿锯条。锯条厚度 0.5~0.65mm,宽度 10~12mm,长度有200mm、250mm、300mm 3 种规格,锯架有固定长度可调长度两种,可调长度的锯架有 3 个挡位,分别适用于 3 种长度的锯条。如图 1-3-39 所示。

图 1-3-39 钢锯

(3)气割具:气割就是用氧-乙炔(或其他可燃气体,如丙烷、天然气、液化石油气等)火焰产生的热能对金属(如钢板、钢管、型钢)的切割。气割所用的可燃气体主要是乙炔、丙烷、液化石油气。可燃气体与氧气的混合及切割火焰的喷射是利用割炬来完成的,割炬的结构如图 1-3-40 所示,它比焊炬多一根氧气导管。

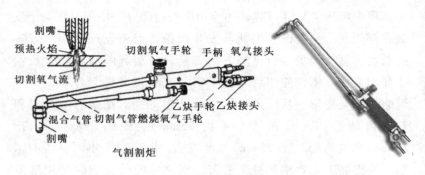

图 1-3-40　气割具

（4）等离子切割机：等离子切割是利用高温等离子电弧的热量使工件切口处的金属部分或局部熔化（和蒸发），并借高速等离子的动能排除熔融金属以形成切口的一种加工方法。等离子弧能比电弧能更高、更集中，烧切温度高达 15000～30000℃。这种切割法热影响区域小、变形小、切口质量高，不但可用于一般钢管的切割，也可用于不锈钢管、合金钢管的切割。等离子切割机是借助等离子切割技术对金属材料进行加工的机械。如图 1-3-41所示。

图 1-3-41　等离子切割机

9. 如何使用与维护手动套丝机？

手动套丝机由管子台虎钳和管子铰板组成。

（1）管子台虎钳

安装在钳工台上，用于夹紧管子作攻丝螺纹或锯割管子等，其使用方法与要求如下：

①管子台虎钳必须垂直和固定在工作台上，钳口应与工作台边缘相平或稍往里一些，不得伸出工作台边缘。

②管子压力钳固定好后，其下钳口应牢固可靠，上钳口在滑道内应能自由移动，且压紧螺杆和滑道应经常加油。

③装夹工件时，不得对不合适钳口尺寸的工件夹钳；对于过长的工件，必须将其伸出部分支承稳固。

④装夹脆性或软性的工件时，应用布、铜皮等包裹工件夹持部分，且不能夹得过紧。

⑤装夹工件时，必须锁好保险销。旋转螺杆时，用力适当，严禁用锤击或加装套管的方式扳紧手柄。工件夹紧后，不得再去挪动其外伸部分。

⑥使用完毕，应擦净油污，合上钳口；长期停用时应涂油存放。

（2）管子铰板（管子钳）

用于夹持和旋转、扳动管子和附件。使用方法和要求如下：

①使用管子钳时，应使双手动作协调，松紧适度，并防止打滑。

②扳动管子钳的手柄时，不得用力过猛或在手柄上加套管，当手柄尾部高出操作者的头部时，不得采取正面攀吊的方式扳动手柄。

③管子钳的钳口或链条上不得沾油，使用完后应妥善存放，长期停用应涂油保护。

④严禁用管子钳拧紧六角螺栓等带棱角工件，不得将管子钳当作撬杠或手锤使用。

⑤当管子细而钳口大时，手握钳柄的位置应在前部或中部，以减少拧力，防止管子钳因过力而损坏；当管子粗而钳小时，要手握钳柄中部或后部，并用一只手按住钳头，使钳口咬紧不致打滑。扳转钳柄要稳，不允许因拧过头而用倒拧的方法进行找正。

⑥管子钳要经常清洗和加机油，避免锈蚀。不允许用小规格的管子钳拧大口径的管子接头，也不允许用大规格的管子钳拧小口径的管接头，这样易造成管子钳损坏。

（3）管子铰板（管子丝板）

使用方法与要求如下：

①先把活动标盘的刻线对准固定盘"0"位置，按板牙上的号码与机体牙槽口的号码，顺序对号装入，转动活动盘，板牙就固定在固定在管子铰板内，不得颠倒或乱插。

②旋紧或松开管子铰板背固的当脚和进刀手把或活动标盘，不得采用锤击或夹套管的方法。

③操作者应站在管子铰板的左侧，不得采用加套管等接长手柄的方法进行操作。

④套丝过程中，要经常在被切削处加油，套完一道丝后，应松开背面挡脚和进刀手柄，再轻轻取下板牙和扳手，不得回旋退出。

⑤套丝的切削深度应适当，不同管径有不同的套丝次数，当套到 2/3 长度时，板牙应逐渐放松。

⑥当支管有坡度要求或遇到螺丝不正时，则应进行歪牙操作，将铰板套进管子 1～2 扣后，把后卡爪板根据所需的偏度略微松开，使机身向一侧倾斜，即形成歪牙。

10. 如何使用与维护活动扳手？

活动扳手用于拧紧或松开六角或方头螺栓、螺钉、螺母和管塞、管道内外接头、丝扣阀门。

使用方法与要求如下：

(1)使用扳手时，应使钳口紧贴螺母或螺钉的棱面，活动扳手在每次使用前，应将活动钳口收紧。

(2)六角扳手应选用合适的规格，钳口套上螺钉或螺母的六角棱面后，不得有晃动的可能，并应平卡到底。如果螺钉或螺母的棱面上有毛刺时，应打磨处理，不得用手锤或强力将扳手的钳口打入。

11. 如何使用与维护管子割刀？

管子割刀用于切割金属管材。使用方法或要求如下：

(1)使用割刀时，应始终让割刀在垂直于管子中心线的平面内平稳切割，不得偏斜。每转动 1~2 周进刀一次，但进刀量不宜过大，并应对切口处加冷却润滑剂，延长刀片的使用寿命。

(2)当管子快要切断时，应松开割刀，取下割管器，然后折断管子，严禁一割到底。

(3)管子割断后，应用刮刀或半圆锉、圆锉修整管口内侧的缩口和毛刺。

(4)割刀使用完后，应除净油污，妥善保管，长期不用者应涂除锈油。

12. 如何使用与维护千斤顶？

(1)使用前应详细检查各零部件有无损失，活动是否灵活，以确保安全。

(2)千斤顶放置应正确，使之与被顶物件保持垂直，底座下面应垫坚实木板，以免工作时发生沉陷和歪斜。

（3）重物与顶头之间应垫木板防止滑动。

（4）千斤顶的顶升高度不得超过规定长度，如无标志时，其顶升高度不应超过螺杆或活塞总高的 3/4。

（5）在操作时，不得随意加长千斤顶的手柄且应均匀用力，平稳起升。

（6）顶升时，应随重物的上升及时在重物下增垫保险木垫，以防止千斤顶倾斜或回油而引起重物突然下降，造成事故。

（7）同时使用几台千斤顶顶升一件重物时，宜选用同一型号的千斤顶，并应统一步调，统一起升速度，避免重物倾斜或个别千斤顶超载。

（8）千斤顶在使用前应进行清洗和检查，并保证液压剂的清洁，防止单向阀回油，平时应定期涂油清洗，并存放在干燥无尘的地方下垫木板防潮，上部用油毡纸或塑料布盖好。

（9）使用千斤顶时，其支承面必须稳固可靠，往往在支承面上用方木等扩大支承面积，顶升的重量不得超过该千斤顶的允许起重量或几个千斤顶的允许重量之和。

（10）千斤顶的顶头和被顶物间应有防滑与防变形的措施。

13. 如何使用与维护手拉葫芦？

（1）使用前应详细检查各部件是否良好，传动部分是否灵活，并核实其铭牌注明的起重性能。

（2）不得超载使用，以免损坏葫芦发生坠落事故。

（3）操作时，必须将葫芦挂牢，缓慢升吊重物，待重物离地后，停止起吊进行检查，确定安全无误时，方可继续操作。

（4）使用中，拉链子的速度要均匀，不要过猛过快，防止拉链脱槽。

（5）葫芦不宜在作用荷载下长时间停放，必要时应将手拉链拴在起重链上，以防止自锁失灵发生事故。

14. 如何使用与维护电动套丝切管机？

电动套丝切管机适用于管子的切断，内口倒角、套丝。使用方法与要求如下：

（1）先支上机脚或将套丝机放在工作台上，取下底盘里铁销筛的盖子，灌入润滑油，再插入电源。推上开关，可以看到油在流淌。

（2）套丝：先在套丝板架上装好板牙，再把套丝架拉开插进管子，并把管子前后卡实抱紧。放下板牙架子把油管对准套丝部位，启动电源，润滑油就从油管孔内喷出，把油管调在适当位置，合上开关，扳动给进手把，使板牙对准管子头，稍加一点压力，于是套丝操作就开始了。板牙对上管子后很快套出一个标准丝口，关上电源开关，拆下管子。

（3）切管：先把板牙掀起，把刀放在钢管上，转动切口螺丝手柄，开始切割。切粗管子时，可把润滑油直接喷在刀口上。

15. 如何使用与维护电锤？

电锤用在混凝土、实心黏土砖墙和岩石钻孔、开槽。使用方法与要求如下：

（1）使用电锤时可通过工作头上的调节手柄进行调节，使钻头实现只旋转无冲击或即旋转又冲击。

（2）使用时先将钻头顶在工作物上，然后合上开关。冲击电钻在钻头正常后才能进行。钻孔时不宜用力推进，应尽量做到操作平稳，用力适度。如发现转速变慢、火花过大、温度升高、响声不正常或有异味等现象，应立即切断电源，停止使用。

（3）在钢筋混凝土进行冲击钻孔时，应避开钢筋进行钻孔。

（4）钻头旋转方向为顺时针，电机的旋转方向出厂时已接好，不得随意改动，切忌反转，以免损坏工具。

（5）连续使用时，如发现机壳温度超过 70℃，应暂停使用，注以适量润滑油，经检查确认无故障后方可继续使用。

（6）当钻头卡住时，安全离合器自动打滑，离合器出厂已调整好，若打滑频繁、扭力不足，可适当调整，旋紧压紧螺母。

（7）装卸钻头时，转动卡轴 180°即可将钻头装入或取下。

16. 如何使用与维护电动弯管机？

（1）操作人员必须熟悉弯管机的机械性能和操作方法。

（2）操作人员操作前必须认真检查电器设备、限位开关等性能是否良好，润滑系统的存油器内油位是否在规定范围内。

（3）胎具与机器应保持清洁光滑，胎具凹槽与管子外径相同，弯管前应做好角尺样板，并调好弯曲角度。

（4）弯管机上不得放任何杂物，四周现场也应保持清洁，如发现运转异常，应立即停机检查。

（5）弯管机用毕后，应做好机具保养工作。

17. 如何使用与维护液压弯管机？

（1）使用前首先检查油箱内的油是否充满，如不足应加满，否则影响弯管能力然后关闭回油开关。

（2）根据所弯管径选择相应的弯管模具，弯管模具装到油塞杆顶端，再将两个与支承轮相应的尺寸凹槽转向弯管模具，且放在两翼板相应尺寸的孔内，用插销销住。所弯管的外径一定要与弯管模的内槽壁面贴合，否则弯曲的管子会产生凹瘪现象。

（3）管壁与支撑轮接触处应涂以润滑油保持光滑，焊接钢管的焊缝不要处在弯曲处的正外侧或正内侧。弯管过程两支承轮要同时转动，使管子在贴合面上滑动，如单面不动应停止操作，检查原因、重新调整合适后方可继续操作。

（4）把所弯管子插入槽中，先用快泵将弯管横压到管壁上，再用慢泵将管子弯到所需要的角度。当管子弯好后，打开回油开关，工作活塞将自动复位。

（5）液压弯管机使用完毕后认真清洁保养，液压油应经过滤再加入，以免杂质堵塞油道、损伤密封面，影响弯管能力。

18. 如何使用与维护砂轮切割机？

（1）先在管子表面画出切割线，把管子插入夹钳并夹紧。

（2）切割时握紧手柄将电源接通，稍加用力压下砂轮片，即可进行摩擦切割。在操作过程中操作者的身体不得对准砂轮片，以防事故发生。

（3）砂轮片一定要正转（顺时针旋转），切勿反转，以防砂轮片飞出伤人。

（4）松开手柄按钮即可切断电源，停止切割回到原位。

（5）长期停用时应断开电源，放置在干燥通风处。

19. 如何使用电动液压扳手？

（1）先检查油缸内油位是否满足要求，拧紧快速接头；如果拧得不够紧，设备不会正常工作；如果在同步系统中造成一台或多台设备不能正常工作时，快速接头、设备可能损坏，会造成人身伤害。快速接头互连时，必须保证完全啮合，只有这样才能确保接头内单向阀打开，使油路畅通。否则连接后，接头内钢珠没有相顶，接头内单向阀无法打开致使油路不通，接头内将充满压力会出现扳手无法运转、从扳手旋转体上的自动泄油口出油等现象。

（2）拆开所有软管接头，检查所有快速接头内（包括扳手接头内）钢珠，用手是否可以按动钢珠、有弹性。如果不能按动，需用锤敲打接头内的钢珠，释放接头里的压力，直至用手可以按动接头内钢珠为止，再重新连接。

（3）远离超高压液压油可能喷出的位置；液压油可能穿透你的手，导致严重受伤。

（4）液压软管是消耗性配件，应定期更换软管，且使用时应避免出现急弯。

（5）液压板子一般有几种规格，例如 M36、M42、M48（M 为普通螺纹的的代表符号，36、42、48 为螺栓的公称直径）。如果不说螺母多大，是按公制螺栓螺母配套筒的对边，M36 在的螺母六角对边是 55，M42 是 65，M48 是 75。

（6）扭矩大小是选择液压扳手关键的参数，螺栓不同扭矩不同，同样的螺栓其材质不同扭矩不同，同样材质不同工况下的扭矩也不同。根据施工技术人员提供的扭矩值，对螺栓紧固按 50%、75%、100% 扭矩值对称进行。

（7）标准四方形驱动轴，配合不同规格套筒紧密，开动电源先进行试运行，然后将扳手头放置平稳与螺栓充分咬合后开始工作，务必注意电源开关与扳手头操作人员的步调一致。

20. 如何使用与维护管道施工常用量具?

（1）水平尺

水平尺用以找平，当将水平尺底面贴在管道壁面或设备加工平面上时，如水平尺玻璃管中的气泡居正中，说明管道或设备的位置并水平；否则气泡偏向哪一侧，哪一侧就高，另一侧就低。

水平尺使用和维护方法如下：

①使用水平尺前，应先在标准面上检查水平尺的自身精度；

②测量时要轻拿轻放，不得碰撞，也不得在被测表面拖动；

③使用完毕应擦拭干净，存放在工具箱里，不得和其他工具堆放在一起。

（2）钢卷尺和盘尺

①不允许折弯钢卷尺，不得与电焊把手或裸电线等带电体接

触，防止烧毁卷尺及发生触电事故；

②钢卷尺用完后可用棉丝或软布擦净，不得用较硬物品涂擦，以保持刻度线条清晰完整；

③使用时宜用力拉紧，但不应过度用力。

第四章　基本常识

1. 配管工程常用缩写词有哪些?

根据《石油化工配管工程常用缩略词》(SH/T 3902—2014),配管工程常用缩略语如表1-4-1所示。

表1-4-1　配管工程常用缩略语

缩略语	英文描述	工程常用语
A	Absolute	绝(压)
AARH	Arithmetic average roughness height	算术平均粗糙度
AC	Acoustic	隔音
AG	Aboveground	地上
AISI	American Iron and Steel Institute	美国钢铁学会
AL	Aluminium	铝
AMB	Ambient	环境(温度)
ANSI	American National Standards Institute	美国国家标准协会
API	American Petroleum Institute	美国石油学会
APP	Approximate	约、近似
APPX	Appendix	附录
AS	Alloy steel	合金钢
ASME	American Society of Mechanical Engineers	美国机械工程师学会
ASSY	Assembly	装配

续表

缩略语	英文描述	工程常用语
ASTM	American Society for Testing and Materials	美国试验和材料协会
ATM	Atmosphere	大气(压)
AUST	Austenitic	奥氏体
AUTO	Automatic	自动
AV	Angle valve	角阀
AVG	Average	平均
AW	Arc welding	电弧焊
AWS	American Welding Society	美国焊接协会
AWWA	American Water Works Association	美国水工协会
B	Bolt	螺栓
BAV	Ball valve	球阀
BB	Bolted bonnet	螺栓连接的阀盖
BBE	Bevel both ends	双端坡口端面
BC	Bolted cover(cap)	螺栓连接的阀帽
	Bolt circle	螺栓分布圆
BCT	Bolt cold tightening	螺栓冷紧
BE	Bevel end	坡口端面
BED	Basic engineering design	基础工程设计
BF	Blind flange	法兰盖
BFV	Butterfly valve	蝶阀
BFW	Boiler feed water	锅炉给水
BG	Bolted gland	螺栓连接的压盖
BHT	Bolt hot tightening	螺栓热紧
BL	Battery limit	装置(区域)边界线

续表

缩略语	英文描述	工程常用语
BLDG	Building	建筑物
BLE	Bevel large end	大端坡口端
BLK	Blank	盲板
BOB	Bottom of beam	梁底
BOD	Basis of design	设计基础
BOM	Bill of material	材料表
BOP	Bottom ofpipe	管底
BOS	Bottom of support	支架底
BRS	Brass	黄铜
BRZ	Bronze	青铜
BS	British standard	英国标准
BU	Bushing	内外螺纹接头
BV	Breather valve	呼吸阀
BW	Butt welding	对焊
C	Cold insulation	保冷
CA	Corrosion allowance	腐蚀裕量
CALC	Calculation	计算
CAS	Cast steel	铸钢
CC	Chemical cleaning	化学清洗
CE	Carbon equivalent	碳当量
CHV	Check valve	止回阀
CI	Cast iron	铸铁
CL	Class	等级
	Center line	中心线

续表

缩略语	英文描述	工程常用语
CLAS	Cast low alloy steel	低合金铸钢
CN	Construction north	建北
CO	Clean out	清洗(口)
COD	Continued on drawing	接续图
COFF	Cofferdam	围堰
CON	Concentric	同心
CPL	Coupling	管箍
CR	Chloroprene rubber	氯丁橡胶
CS	Carbon steel	碳钢
CSC	Car seal close	铅封关
CSO	Car seal open	铅封开
CSP	Cold spring	冷紧
CTC	Center to center	中心至中心
CTE	Center to end	中心至端部
CTF	Center to face	中心至面
CU	Copper	紫铜
CV	Capacity factor of valve	CV 值
CWP	Cold working pressure	冷态工作压力
D	Disc	阀盘(瓣)
	Diameter	直径
DED	Detail engineering design	详细工程设计
DF	Drain funnel	排液漏斗
DI	Ductile iron	可锻铸铁
DIM	Dimension	尺寸

续表

缩略语	英文描述	工程常用语
DIS	Discharge	排出口
DN	Nominal diameter	公称直径
DR	Drain	排液
DSAW	Double submerged arc welding	双面埋弧焊
DTL	Detail	详图
DV	Diaphragm valve	隔膜阀
DWG	Drawing	图
EB	Extended bonnet	延长阀盖
ECC	Eccentric	偏心
EFW	Electric fusion welding	电熔焊
EJ	Expansion joint	膨胀节
EJMA	Expansion Joint Manufacturers Association	膨胀节制造商协会
EL	Elbow	弯头
	Elevation	标高
EOL	Elbolet	弯头支管座(台)
EPDM	Ethylene – propylene – diene monomer	三元乙丙橡胶
EQ	Equal	相等
ERW	Electric Resistance welding	电阻焊
ES	Emergency shower	事故淋浴器
ESD	Emergency shutdown	紧急切断
ET	Electric tracing	电伴热
	Eddy current test	涡流检测
ETE	End to end	端到端
EW	Eye washer	事故洗眼器

续表

缩略语	英文描述	工程常用语
EXAM	Examination	检查
F	Field	现场
FA	Flame arrester	阻火器
FB	Full bore	全通孔
FCPL	Full coupling	双头管箍
FDN	Foundation	基础
FEF	Flange end face	法兰端面
FF	Flat（Full）face	全平面
FG	Flexible graphite	柔性石墨
FIG	Figure	图表（数字）
FL	Floor	楼板（地面）
FLAS	Forged low alloy steel	低合金锻钢
FLB	Floating ball	浮动球
FLG	Flange	法兰
FLGD	Flanged	法兰连接
FMG	Flat metallic gasket	金属平垫片
FNPT	Female nominal pipe threads	60°锥管内螺纹
FOB	Flat on bottom	底平
FOT	Flat on top	顶平
FP	Full port	全通径
FRP	Fiberglass reinforced plastic	玻璃纤维增强塑料（玻璃钢）
FS	Forged steel	锻钢
FTF	Face to face	面到面
FW	Field welding	现场焊接

续表

缩略语	英文描述	工程常用语
G	Gauge	表(压)
GALV	Galvanized	镀锌
GF	Groove face	槽面
GLV	Globe valve	截止阀
GRD	Ground	地坪
GMAW	Gas metal – arc welding	熔化极气体保护焊
GMG	Grooved metal gasket	齿形金属垫片
GO	Gear operation	齿轮传动
GR	Grade	(材料)级别
GRAF	Graphite	石墨
GSK	Gasket	垫片
GTAW	gas tungsten – arc welding	钨极气体保护焊
GV	Gate valve	闸阀
GW	Gas welding	气焊
H	Hot insulation	保温
	Horizontal	水平
HADT	Hardness testing	硬度试验
HB	Brinnel hardness	布氏硬度
HC	Hose connection	软管接头
HCPL	Half coupling	半管接头
HDPE	High density polyethylene	高密度聚乙烯
HEX	Hexagon	六角形
HF	Hard facing	表面硬化
HFW	High frequency welding	高频焊

续表

缩略语	英文描述	工程常用语
HHN	Heavy hexagon nut	重型六角螺母
HP	High point	高点
	High pressure	高压
HRC	Rockwell hardness	洛氏硬度
HS	Hose station	软管站
HT	Heat treatment	热处理
HW	Hand wheel	手轮
HWT	Hot water tracing	热水伴热
HYDT	Hydraulic testing	液压试验
ID	Inside diameter	内径
IF	Integral flange	整体法兰
INF	Information	信息(资料)
INS	insulation	绝热
IR	Inner ring	内环
IS	Inside screw	内螺纹
ISBL	Inside battery limit	界区内
ISNS	Inside screw non – rising stem	暗杆内螺纹
ISO	Isometric drawing	管段图
	International Organization for Standardization	国际标准化组织
ISRS	Inside screw rising stem	明杆内螺纹
JT	Jacket tracing	夹套伴热
LAS	Low alloy steel	低合金钢
LAT	Lateral tee	斜三通
LB	Long bonnet	长阀盖

续表

缩略语	英文描述	工程常用语
LC	Lock close	锁闭
LER	Lens ring gasket	透镜式金属垫片
LF	Large female face	凹面
LG	Large groove	大槽面
LGS	Longitudinal seam	直焊缝
LJ	Lapped joint	松套
LM	Large male face	凸面
LND	Lined	衬里
LO	Lock open	锁开
LOL	Latrolet	斜接支管座(台)
LP	Low point	低点
	Low pressure	低压
LR	Long radius	长半径
LT	Large tongue	大榫面
	Low temperature	低温
LTCS	Low temperature carbon steel	低温碳钢
LW	Lap welding	搭接焊
MAX	Maximum	最大
MEL	Miter elbow	斜接弯头(虾米腰弯头)
MF	Male and female face	凹凸面
MFR	Manufacturer	制造商
MG	Metallic gasket	金属垫片
MH	Metallic hose	金属软管
MIN	Minimum	最小

续表

缩略语	英文描述	工程常用语
MJG	Metallic jacket gasket	金属包覆垫片
ML	Match line	图纸分界线（拼接线）
MNL	Manual	手动
MNPT	Male normal pipe tlread	60°锥管外螺纹
MP	Medium pressure	中压
MO	Mixing orifice	混合孔板
MSS	Manufacturers Standardization Society of the Valve and Fittings Industry	阀门和管件制造厂标准化协会
MT	Magnetic particle test	磁粉检测
MTO	Material take – off	材料统计
NACE	NationalAssociation of Corrosion Engineers	美国国家腐蚀工程师协会
NB	Non – Bonnet	无阀盖
NBR	Nitrile butadiene rubber	丁腈橡胶
NC	Normally close	正常关
NDE	Non – destructive examination	无损检测
NDT	Non – destructive testing	无损检测
NEL	Nozzle elevation	管口标高
NEMA	National Electric Manufacturer Association	国际电气制造商协会
NFPA	National Fire Protection Association	美国国家防火协会
NIP	Nipple	短节
NMG	Non – metallic gasket	非金属垫片
NO	Normally open	正常开
NOL	Nipolet	带直管支管座（台）
NPS	Nominal pipe size	管子公称尺寸
NPT	National pipe thread	标准锥管螺纹

续表

缩略语	英文描述	工程常用语
NR	Natural rubber	天然橡胶
NV	Needle valve	针形阀
OAC	Oxygen arc cutting	火焰切割
OCR	Octagonal ring gasket	八角形垫片
OD	Outside diameter	外径
OLET	Out – Let	支管座
OR	Outer ring	外环
OS&Y	Outside screw & yoke	外螺纹阀杆及轭式
OSBL	Outside battery limit	界区外
OVR	Oval ring gasket	椭圆形垫片
P	Pipe	管子
	Pressure	压力
PAC	Plasma arc cutting	等离子切割
PBE	Plain both ends	两端平端
PC	Pressure seal cap	压力密封的阀帽
PE	Polyethylene	聚乙烯
	Plain end	平端面
PF	Platform	平台
PFD	Process flow diagram	工艺流程图
PH	Preheating	预热
PID	Piping & instrument diagram	工艺管道及仪表流程图
PL	Plug	丝堵(管堵)
PN	Nominal pressure	公称压力
PNET	Pneumatic testing	气压试验

续表

缩略语	英文描述	工程常用语
POE	Plain one end	一端平端
PP	Polypropylene	聚丙烯
	Personnel protection insulation	防烫
PR	Pipe rack	管廊(管桥)
PS	Piping support	管道支架(管架)
PSB	Pressure sealing bonnet	压力密封的阀盖
PSE	Plain small end	小端平端
PSV	Pressure safety valve	安全阀
PT	Penetrant testing	渗透检测
PTFE	Polytetrafluoroethylene	聚四氟乙烯
PV	Plug valve(cock)	旋塞阀
PVC	Polyvinyl chloride	聚氯乙烯
PWHT	Post weld heat treatment	焊后热处理
QTY	Quantity	数量
RB	Reducing bore	缩孔
RC	Concentric reducer	同心异径管(同心大小头)
RCPL	Reducing coupling	异径管箍
RD	Rupture disk	爆破片(爆破膜)
RE	Eccentric reducer	偏心异径管(偏心大小头)
RED	Reduced	异径的
REF	Reference	参考
REL	Reducing elbow	异径弯头
REV	Revision	修改
RF	Raised face	突面

续表

缩略语	英文描述	工程常用语
RG	Rubber gasket	橡胶垫片
RJ	Ring joint face	环连接面
RJG	Metallic ring joint gasket	金属环垫
RO	Restriction orifice	限流孔板
RP	Reinforcing pad	补强板
	Reduced port	缩径
RS	Rising stem	升杆式(明杆)
RSG	Reinforced sheet gasket	增强密封垫
RT	Radiographic testing	射线检测
RTFE	Reinforced polytetrafluoroethylene	增强聚四氟乙烯
RTG	Rating	压力等级
RTJ	Ring type joint	环连接面
RV	Relief valve	泄压阀
S	Seat	阀座
SAW	Submerged arc welding	埋弧焊
SB	Spectacle blank(blind)	8字盲板
	Stud bolt	螺柱
SBR	Styrene butadiene rubber	丁苯橡胶
SC	Sample cooler	取样冷却器
	Sample connection	采样接口
SCH	Schedule number	表号
SCV	Stop check valve	截止止回阀
SE	Stub end	翻边短节
SEQ	Sequence	顺序(序号)

续表

缩略语	英文描述	工程常用语
SEW	Seal welding	密封焊
SEY	Side entry	侧装
SFR	Synthetic fiber rubber	合成橡胶
SG	Sight glass	视镜
SIL	Silencer	消声器
SMAW	Shielded metal – arc welding	气保护金属极电弧焊
SMG	Semi – metallic gasket	半金属垫片
SMLS	Seamless	无缝的
SNIP	Swaged nipple	异径短节
SO	Slip – on	带颈平焊
	Steam out	蒸汽吹扫(口)
SOL	Sockolet	承插焊支管座(台)
SPR	Separator	分离器
SPS	Spiral seam	螺旋焊缝
SR	Short radius	短半径
	Stress relief	消除应力
SRB	Basket type strainer	篮式过滤器
SRT	T – type strainer	T形过滤器
SRY	Y – type strainer	Y形过滤器
SS	Stainless steel	不锈钢
ST	Steam trap	疏水阀
	Steam tracing	蒸汽伴热
STD	Standard	标准
STHU	Straight – through	直通

续表

缩略语	英文描述	工程常用语
STL	Stellite	司太立合金
STR	Strainer	过滤器
STRU	Structure	构筑物
SUC	Suction	吸入口
SW	Socket welding	承插焊
SWB	Seal weld bonnet	密封焊接阀盖
SWG	Spiral wound gasket	缠绕式垫片
SWSR	Spring washer	弹簧垫圈
SYM	Symmetrical	对称的
T	Tee	三通
	Tracing	伴热
	Temperature	温度
TB	Turnbuckle	花篮螺母
	Threaded bonnet	螺纹连接的阀盖
TBE	Threaded both ends	两端螺纹
TE	Threaded end	螺纹端
TEG	PTFE envelope gasket	聚四氟乙烯包覆垫片
TEMP	Temperature	温度
TEY	Top entry	顶装
TF	Tongue face	榫面
TG	Tongue and groove face	榫槽面
THD	Threaded	螺纹
THK	Thickness	壁厚
TL	Tangent line	切线

续表

缩略语	英文描述	工程常用语
TLD	Tilting disc	斜盘
TLE	Threaded large end	大端螺纹
TOB	Top of beam	梁顶
TOE	Thread one end	一端螺纹
TOL	Threadolet	螺纹支管座(台)
TOP	Top of pipe	管顶
TOS	Top of support	支架顶
TR	Reducing tee	异径三通
TSE	Threaded small end	小端螺纹
TSO	Tight shut off	严密切断
TSR	Temporary strainer	临时过滤器
TW	Tack welding	定位焊
TWV	3 – Way valve	三通阀
UC	Utility connection	公用工程接头
UFD	Utility flow diagram	公用物料流程图
UG	Underground	地下
UID	Utility piping&instrument diagram	公用物料管道和仪表流程图
UN	Union	活接头
US	Utility station	公用工程站
UT	Ultrasonic testing	超声检测
UTL	Utility	公用工程
V	Vertical	竖直、铅直、直立
VE	Visual examination	外观检查
VT	Vent	放空

续表

缩略语	英文描述	工程常用语
WAF	Wafer	对夹式
WB	Welded bonnet	焊接阀盖
WN	Welding neck	对焊
WOL	Weldolet	对焊支管座
WPS	Welding procedure specification	焊接工艺规程
WSR	Washer	垫圈
WT	Weight	重量
WW	Welding wire	焊丝
XS	Extra strong	加厚
XXS	Double extra strong	特厚

2. 石油化工金属管道应该怎样分级?

根据《石油化工金属管道工程施工质量验收规范》(GB 50517—2010),石油化工金属管道可按其输送的介质及设计条件来进行分级。

序号	管道级别	输送介质	设计条件 设计压力/MPa	设计温度/℃	TSG D0001级别
1	SHA1	(1)极度危害介质(苯除外)、高度危害丙烯腈、光气介质	—	—	GC1
		(2)苯介质、高度危害介质(丙烯腈、光气除外)、中度危害介质、轻度危害介质	$P \geqslant 10$	—	GC1
			$4 \leqslant P < 10$	$t \geqslant 400$	
			—	$t < -29$	

续表

序号	管道级别	输送介质	设计条件		TSG D0001 级别
			设计压力/MPa	设计温度/℃	
2	SHA2	(3)苯介质、高度危害介质（丙烯腈、光气除外）	$4 \leqslant P < 10$	$-29 \leqslant t < 400$	GC1
			$P < 4$	$t \geqslant -29$	
3	SHA3	(4)中度危害、轻度危害介质	$4 \leqslant P < 10$	$-29 \leqslant t < 400$	GC2
		(5)中度危害介质	$P < 4$	$t \geqslant -29$	
		(6)轻度危害介质	$P < 4$	$t \geqslant 400$	
4	SHA4	(7)轻度危害介质	$P < 4$	$-29 \leqslant t < 400$	GC2
5	SHB1	(8)甲类、乙类可燃气体介质和甲类、乙类、丙类可燃液体介质	$P \geqslant 10$	—	GC1
			$4 \leqslant P < 10$	$t \geqslant 400$	
			—	$t < -29$	
6	SHB2	(9)甲类、乙类可燃气体介质和甲 A 类、甲 B 类可燃液体介质	$4 \leqslant P < 10$	$-29 \leqslant t < 400$	GC1
		(10)甲 A 类可燃液体介质	$P < 4$	$t \geqslant -29$	GC2
7	SHB3	(11)甲类、乙类可燃气体介质、甲 B 类、乙类可燃液体介质	$P < 4$	$t \geqslant -29$	GC2
		(12)乙类、丙类可燃液体介质	$4 \leqslant P < 10$	$-29 \leqslant t < 400$	GC2
		(13)丙类可燃液体介质	$P < 4$	$t \geqslant 400$	GC2
8	SHB4	(14)丙类可燃液体介质	$P < 4$	$-29 \leqslant t < 400$	GC2
9	SHC1	(15)无毒、非可燃介质	$P \geqslant 10$	—	GC1
			—	$t < -29$	

续表

序号	管道级别	输送介质	设计条件		TSG D0001 级别
			设计压力/MPa	设计温度/℃	
10	SHC2	（16）无毒、非可燃介质	$4 \leqslant P < 10$	$t \geqslant 400$	GC1
11	SHC3	（17）无毒、非可燃介质	$4 \leqslant P < 10$	$-29 \leqslant t < 400$	GC2
			$1 < P < 4$	$t \geqslant 400$	
12	SHC4	（18）无毒、非可燃介质	$1 < P < 4$	$-29 \leqslant t < 400$	GC2
			$P \leqslant 1$	$t \geqslant 185$	
			$P \leqslant 1$	$-29 \leqslant t \leqslant -20$	
13	SHC5	（19）无毒、非可燃介质	$P \leqslant 1$	$-20 < t < 185$	GC3

3. 管道工程常用计量单位及换算关系有哪些?

管道工程常用计量单位及换算关系如表 1-4-2 所示。

表 1-4-2　常用计量单位及换算

	单位名称	单位符号	换算关系
长度单位	米	m	1m = 10dm
	分米	dm	1dm = 10cm
	厘米	cm	1cm = 10mm
	毫米	mm	
面积单位	平方米	m^2	$1m^2 = 100dm^2$
	平方分米	dm^2	$1dm^2 = 100cm^2$
	平方厘米	cm^2	$1cm^2 = 100mm^2$
	平方毫米	mm^2	

续表

	单位名称	单位符号	换算关系
体积(容积)单位	立方米	m³	1m³ = 1000L
	升	L	1L = 1000mL
	毫升	mL	
压力单位	帕	Pa	
	千帕	kPa	1kPa = 1000Pa
	兆帕	MPa	1MPa = 1000kPa
	巴	bar	1 bar = 0.1MPa
	千克力/平方厘米	kgf/cm²	1kgf/cm² = 0.098 MPa
角度单位	度	°	
	分	′	1° = 60′
	秒	″	1′ = 60″
温度单位	摄氏度	℃	
	开尔文	K	K = ℃ + 273.15
	华氏温度	T	T = 1.8℃ + 32
质量(重量)单位	吨	t	1t = 1000kg
	千克	kg	1kg = 1000g
	克	g	1g = 1000mg
	毫克	mg	

4. 常用面积怎样计算?

(1)矩形: 矩形面积 F 等于长边 a 与短边 b 的乘积。

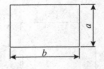

图 1-4-1　矩形面积

（2）三角形：三角形面积 F 等于底边 b 乘以高 a，再除以 2，如图 $1-4-2$ 所示。

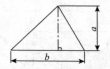

图 $1-4-2$　三角形面积

（3）梯形：梯形面积 F 等于上底边 a 加下底边 b，除以 2，再乘以高 h，如图 $1-4-3$ 所示。

图 $1-4-3$　梯形面积

（4）圆形：圆形面积 F 等于 π 乘以半径 r 的平方或 π 与直径 d 的平方的乘积除以 4，如图 $1-4-4$ 所示。

图 $1-4-4$　圆形面积

5. 常用体积怎样计算？

（1）长方体：长方体的体积 V 等于底面积 F 乘以高 h，如图 $1-4-5$ 所示。

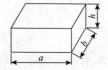

图 $1-4-5$　长方体体积

（2）圆柱体：圆柱体体积 V 等于底面积 F 乘以高 h，如图 1-4-6所示。

图 1-4-6　圆柱体体积

6. 三角函数怎样计算？

三角函数计算如图 1-4-7 所示，直角三角形中，已知 $\angle C = 90°$，则有

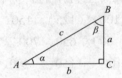

图 1-4-7　直角三角形结构

（1）$\alpha + \beta = 90°$

（2）勾股定理 $a^2 + b^2 = c^2$

（3）α 的正弦值 $\sin\alpha = a/c$

α 的余弦值 $\cos\alpha = b/c$

α 的正切值 $\tan\alpha = a/b$

α 的余切值 $\cot\alpha = b/a$

7. 管子质量的计算方法？

管子可以用下式进行质量计算：

$$Q = \frac{\pi(D_w - s)s\gamma}{1000}$$

$$Q = 0.02466s(D_w - s)$$

式中　Q——管子质量，kg/m；

D_w——管子外径，mm；

S——管子壁厚，mm；

γ——管子材质的相对密度，如钢取 7.85，铸铁取 7.2，铜取 8.9。

公式实际上按管子的半径(外径与内径的中间值)，将管子展开然后乘以管壁厚度，计算出材质的体积，再乘以材质的密度。

8. 管子的公称直径通常包含哪些规格？

公称直径是为了使管子、附件、阀门等相互连接而规定的标准直径。公称直径用字母 DN 表示。根据《石油化工钢管尺寸系列》(SH/T 3405—2017)管工常用的公称直径有 DN15、20、25、32、40、50、65、80、100、(125)、150、200、250、300、350、400、450、500、550、600、650、700、750、800、850、900、950、1000、1050、1100、1150、1200、1300、1400、1500、1600、1700、1800、1900、2000 等规格。

9. 管子的公称压力包含哪些等级？

公称压力(PN)是管子、管件、阀门等在规定温度允许承受的以标准规定的系列压力等级表示的工作压力。由字母 PN 和无因次数字组合而成，表示管道元件名义压力等级的一种标记方法。根据《石油化工钢制管法兰》(SH/T 3406—2013)管工常用的公称压力有 PN1.0、PN2.0、PN5.0、PN6.8、PN10.0、PN15.0、PN25.0、PN42.0 八个等级。

10. 什么是无缝钢管？

无缝钢管是一种具有中空截面、周边没有接缝的长条钢材。无缝钢管材质均匀、强度高、耐腐蚀性能比焊接钢管好。适用于输送一般流体及易燃、易爆、有毒介质。根据生产方法的不同分为热轧和冷拔(轧)两种产品。

11. 什么是焊接钢管？

焊接钢管是由卷成管形的钢板以对缝或螺旋缝焊接而成的管子。

12. 阀门根据用途可以分为哪几类？

（1）截断阀类：接通或截断管路中介质，包括闸阀、截止阀、旋塞阀、隔膜阀、球阀、蝶阀和角阀等。

（2）止回阀类：防止管路中介质倒流。

（3）调节阀类：调节管路中介质流量、压力等参数，包括节流阀、减压阀及各种调节阀。

（4）分流阀类：分配、分离或混合管路中介质，包括旋塞阀、球阀和疏水阀等。

（5）安全阀类：防止介质压力超过规定数值，对管路或设备进行超载保护，包括各种形式的安全阀、保险阀。

13. 根据压力和温度，阀门可分哪几类？

根据压力和温度，阀门可分为以下几类，如表1-4-3所示。

表1-4-3　阀门按压力和温度分类

按压力分类		按温度分类	
名称	公称压力/MPa	名称	工作温度/℃
真空阀	工作压力 <0	低温阀	$t < -29$
低压阀	0≤公称压力≤1.6	常温阀	$-29 \leq t \leq 120$
中压阀	1.6 < 公称压力 <10	中温阀	$120 < t \leq 450$
高压阀	10≤公称压力 <100	高温阀	$t > 450$
超高压阀	公称压力≥100		

14. 闸阀的作用及特点是什么？

闸阀也叫闸板阀（图1-4-8），用于接通或截断管道中的介质属于截断阀类，是应用最广泛的阀门品种之一。闸阀如果长期用来调节介质的压力和流量，会造成阀座和闸板密封面的冲蚀，影响其密封性且修复困难，故闸阀不宜作为调节阀来使用。闸阀的阀杆结构形式可分为明杆和暗杆两种。

闸阀的特点：

（1）闸阀的内部通道是直通的，因而阻力小；

（2）结构长度小；

（3）介质可双向流动，不受限制；

（4）高度较大，启闭时间长；

（5）由于使用过程中闸板与阀座相对滑动，闸板和阀座的密封面容易磨损擦伤，当输送介质有固体颗粒时慎用。

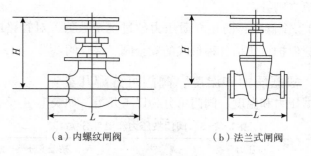

（a）内螺纹闸阀　　　　　（b）法兰式闸阀

图 1-4-8　闸阀

15. 截止阀的作用及特点是什么？

截止阀（图 1-4-9）也是用于接通或截断介质的阀类，是应用最广泛的阀门之一。截止阀的启闭件是阀瓣，在开启或关闭时阀瓣沿阀座通道的中心线上下移动。

截止阀的特点：

（1）构造较闸阀简单，制造、维修方便，成本较低；

（2）启闭过程中阀瓣与阀座不相对滑动，因而密封面磨损较轻，密封性较好；

（3）结构长度（两法兰面之间的长度）大，但阀高度小，开启或关闭时的行程短，直径范围小；

（4）阀体内通道曲折，流动阻力比其他阀门大，介质流动方向受限，使用时要注意阀体上的箭头方向，使介质在阀体内低进高出，不能装反；

（5）截止阀常用公称直径范围为 $DN10 \sim DN300$，公称压力范围为 $PN1.6 \sim PN16$，工作温度 $t \leqslant 550℃$。

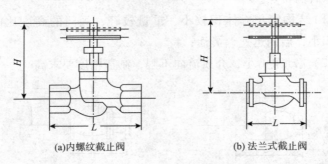

(a)内螺纹截止阀　　(b)法兰式截止阀

图 1-4-9　截止阀

16. 角阀的作用及特点是什么？

角阀（图1-4-10）属于截止阀类，它也是通过改变阀体内的截面积来调节介质压力和流量的。

它适用于高黏度含悬浮物和颗粒状流体的场合或者用于要求直角配管的地方，其流向一般为底进侧出。

角阀的特点：

（1）流路简单，死区和涡流区较小，借助于介质的冲刷作用，可有效防止介质堵塞，有较好的自洁

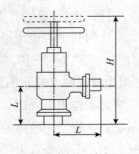

图 1-4-10　角阀

作用；

（2）流阻小，流量系数比单座阀大，相当于双座阀的流量系数。

17. 球阀的作用及特点是什么？

球阀（图 1-4-11）是在旋塞阀的基础上发展起来的新型阀门，启闭件是个球体。它的作用是通过绕球体的垂直中心线旋转 90°来达到瞬间控制物料的流通。

球阀的特点：

（1）结构简单、体积较小、重量较轻，阀门的高度比闸阀、截止阀小，启闭迅速、灵活；

（2）流动阻力小，介质流向不限，制造精度要求高。

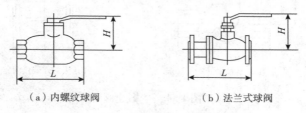

（a）内螺纹球阀   （b）法兰式球阀

图 1-4-11　球阀

18. 止回阀的作用及特点是什么？

止回阀也叫逆止阀、单向阀。止回阀分为升降式和旋启式两大类，见图 1-4-12。一般升降式止回阀只能安装在水平管道上（但也有一种立式止回阀，由于在阀瓣上部有辅助弹簧，阀瓣在弹簧力的作用下关闭，因此可安装在水平或垂直管道上）。其作用是阻止管道中液体的倒流。止回阀靠流体自身的动压实现开启或关闭，不需要人工操作或其他动力源。

止回阀的特点：

（1）止回阀宜安装在水平管道上，也可以安装在倾斜或垂直的管道上，但介质应自下向上流动。

（2）只适用于黏度小的清洁介质，当介质黏度大或有固体颗粒时，不能使用。安装时止回阀要注意阀体箭头方向要与介质流向一致。

止回阀公称直径范围较广，为 $DN10 \sim DN1800$，公称压力范围为 $PN0.25 \sim PN16$。

  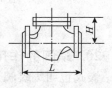

（a）内螺纹升降式止回阀　　（b）法兰旋启式止回阀　　（c）法兰升降式止回阀

图 1-4-12　止回阀

19. 安全阀的作用及特点是什么？

安全阀是一种安全保护用阀。主要作用是在管道、锅炉和各种压力容器上为了控制压力，使其不超过允许数值。

安全阀的特点：

（1）换向系统操作安全简便快捷，快速切换无需装置停车，密封可靠；

（2）具有一定的压力适应范围，使用时可按需要调整定压，如果介质实际压力超过定压数值，安全阀阀瓣便被顶开，通过向系统外排放介质来防止压力超过规定数值。

目前应用最普遍的安全阀是弹簧式安全阀，见图 1-4-13。

弹簧式安全阀按结构型式又分为封闭式和不封闭式安全阀。易燃易爆和有毒介质应采用封闭式安全阀；空气、蒸汽或其他一般介质可采用不封闭式安全阀。

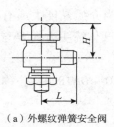
（a）外螺纹弹簧安全阀

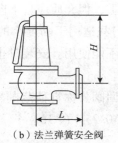
（b）法兰弹簧安全阀

图1-4-13 弹簧式安全阀

20. 蝶阀的作用及特点是什么？

蝶阀也叫蝴蝶阀，见图1-4-14，它的启闭件呈圆盘状称为蝶板。蝶阀的作用是通过改变蝶板的旋转角度，分级控制流量，因而具有较好的调节性能。

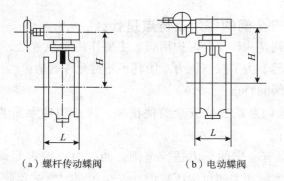
（a）螺杆传动蝶阀　　　（b）电动蝶阀

图1-4-14 蝶阀

蝶阀的特点：

（1）可以围绕阀座内的一个固定轴旋转90°，以实现其开启或关闭。

（2）启闭迅速，由于旋转轴两侧蝶板受介质作用力相等，产生的转矩方向相反，故启闭力矩较小，操作方便省力。

（3）蝶板比较单薄，其密封圈材料采用橡胶，因而只能用于压力和温度较低的情况。

（4）结构简单、体积小、重量轻、外形尺寸比其他阀门小，尤其是结构长度明显较小，可以做成大口径。

大口径蝶阀的启闭一般采用电动、液压传动或涡轮传动方式。带传动机构的蝶阀在安装时应使传动机构止于垂直位置；带扳手的蝶阀可以安装在管路的任何位置上。

21. 隔膜阀的特点是什么？

隔膜阀的结构形式与一般阀门不同，是一种特殊形式的阀门。屋脊式隔膜阀见图 1-4-15，图 1-4-16 及图 1-4-17 为常见的几种隔膜阀。

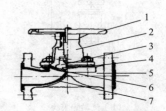

图 1-4-15　屋脊式隔膜阀

1—手轮；2—阀盖；3—压闭圆板；

4—弹性橡胶；5—阀体；6—隔膜；7—衬里

隔膜阀的特点：

（1）隔膜阀的启闭件是柔软的橡胶或塑料制成的隔膜，把阀体内腔与阀盖内腔隔开，故阀杆部分无须填料函，不存在对阀杆的腐蚀问题和阀杆填料函的泄漏问题，因而其密封性能比其他阀门好。

（2）适用于有腐蚀性的酸、碱介质管路，工作压力较低（不大于 0.6MPa）。

（3）公称直径一般不超 DN200，根据隔膜材质的不同，工作温度为60℃或100℃以内。

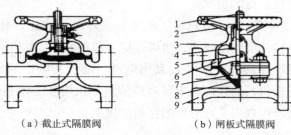

（a）截止式隔膜阀　　　　　　　　（b）闸板式隔膜阀

图1-4-16　隔膜阀

1—开度标尺；2—手轮；3—轴承；4—闸杆螺母；5—阀杆；

6—阀盖；7—压闭圆板；8—隔膜；9—阀体

（a）衬胶隔膜阀　　　　　（b）气动隔膜阀　　　　（c）电动隔膜阀

图1-4-17　隔膜阀

22. 减压阀的分类及适用场合有哪些?

常用减压阀有3种：活塞式[图1-4-18（a）]、薄膜式和波纹管式[图1-4-18（b）]。

（1）活塞式减压阀应用最广，适用于较高压力和温度，多用于蒸汽减压。

（2）薄膜式减压阀虽能适用于较高压力，但阀内膜片采用氯丁橡胶，故只能在常温下使用，可用于水、空气的减压。

（3）波纹管式减压阀只适于小口径蒸汽和空气管路使用。

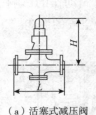 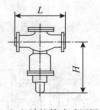

（a）活塞式减压阀　　　　（b）波纹管式减压阀

图1-4-18　减压阀

23. 疏水阀的作用及分类有哪些?

疏水阀用于蒸汽管道和蒸汽供热设备，能自动排除蒸汽凝结水并阻止蒸汽的排出，以提高蒸汽汽化热的利用率，又可以防止管道中发生液击、振动等现象。根据疏水阀（图1-4-19）的动作原理，常用疏水阀可分如下类型：

（1）机械型疏水阀（图1-4-20）

机械型疏水阀是利用凝结水与蒸汽的重度差，使阀内浮子机械性的升降，以带动阀瓣开启或关闭，达到排水阻汽的目的。

（2）热膨胀型（恒温型）疏水阀（图1-4-21）

热膨胀型疏水阀是利用凝结水与蒸汽的温度差，使膨胀原件动作，以带动阀瓣开启或关闭，达到排水阻汽的目的。

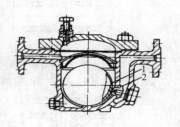

图1-4-19　自由浮球式疏水阀
1—浮球；2—阀座

属于热膨胀型的疏水阀有热动力式疏水阀和脉冲式疏水阀。

热动力式疏水阀的主要动作元件是金属阀片，当压力差有变化时不需要调整，并能阻止介质逆流，但动作时噪音较大。变型产品有偏心热力式疏水阀，其排水量较大；带保温罩的热动力式疏水阀，能减少外界环境温度对疏水阀动作的影响；带双金属片的热动力式疏水阀，可以提高排除冷空气的性能。

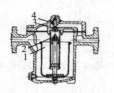
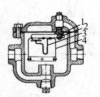

（a）浮筒式疏水阀　　　　　　（b）钟形浮子式疏水阀

1—浮筒；2—阀瓣；　　　　　　1—阀座；2—阀瓣；
3—阀座；4—止回阀阀瓣　　　　3—双金属片；4—钟形桶

图 1-4-20　机械型疏水阀

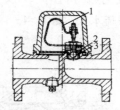
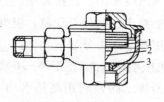

（a）双金属片式疏水阀　　　　（b）波纹管式疏水阀

1—双金属片；2—阀座；3—阀瓣　　1—波纹管；2—阀瓣；3—阀座

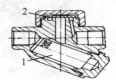
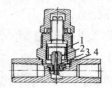

（c）热动力式疏水阀　　　　　（d）脉冲式疏水阀

1—过滤网；2—金属阀片　　　　1—倒锥形钢；2—控制盘；
　　　　　　　　　　　　　　　3—阀瓣；4—阀座

图 1-4-21　热膨胀型疏水阀

24. 法兰有哪些类型?

法兰类型有以下几种，如图 1-4-22 所示。

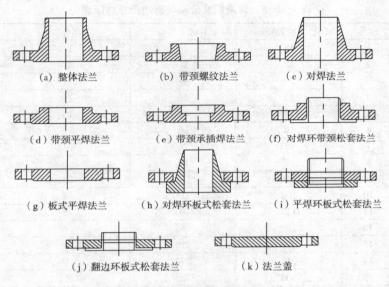

（a）整体法兰　　　　（b）带颈螺纹法兰　　　　（c）对焊法兰

（d）带颈平焊法兰　　（e）带颈承插焊法兰　　（f）对焊环带颈松套法兰

（g）板式平焊法兰　　（h）对焊环板式松套法兰　　（i）平焊环板式松套法兰

（j）翻边环板式松套法兰　　　　　（k）法兰盖

图 1-4-22　法兰类型

25. 法兰密封面及表示方法有哪些？

法兰的密封面有以下几种，如表 1-4-4 所示。

表 1-4-4　法兰密封面型式及其代号

密封面型式			代号	
平面			FF	
凸面			RF	
凹凸面	凸面		MF	M
	凹面			F
榫槽面	榫面		TG	T
	槽面			G
环接面			RJ	

26. 常用钢管公制与英制尺寸对照关系有哪些？

管道工程常用钢管公制与英制尺寸对照关系如表 1-4-5 所示。

表 1-4-5　常用钢管公制与英制尺寸对照表

序号	公称直径 DN/mm	外径 φ/mm	英寸/in
1	15	22	1/2
2	20	27	3/4
3	25	34	1
4	32	42	$1\frac{1}{4}$
5	40	48	$1\frac{1}{2}$
6	50	60	2
7	65	76	$2\frac{1}{2}$
8	80	89	3
9	90	102	$3\frac{1}{2}$
10	100	114	4
11	125	140	5
12	150	168	6
13	200	219	8
14	250	273	10
15	300	325	12
16	350	356	14
17	400	406	16
18	450	457	18
19	500	508	20
20	550	559	22
21	600	610	24
22	650	660	26
23	700	711	28
24	750	762	30
25	800	813	32
26	850	864	34
27	900	914	36
28	950	965	38
29	1000	1016	40
30	1050	1067	42
31	1100	1168	44
32	1150	1168	46
33	1200	1220	48

第二篇　基本技能

第一章　施工准备

1. 管道施工一般需经历哪些阶段？

（1）施工准备；（2）管道预制；（3）管道安装；（4）管道压力试验；（5）管道的防腐保温；（6）管道清洗、吹扫、脱脂、系统气密；（7）装置水联运；（8）交工验收。

2. 管道施工前应具备什么条件？

（1）人：施工人员具备良好的素养和专业施工水平，所有施工人员需经过安全培训和技术质量交底方能进行施工作业；

（2）机：施工工机具准备齐全，并符合施工质量要求；

（3）料：到货材料质量证明文件完整并合格，材料按规范验收合格；

（4）法：施工工艺、施工方法满足规范和设计要求；

（5）环：环境分析合格并达标，包括工作环境、危险品控制等。

3. 管工接到图纸后应了解哪些内容？

（1）熟悉设计说明，了解施工中的重点与难点；（2）熟悉设计图纸中各项参数；（3）统计管道预制所需材料；（4）熟悉项目材料标识管理规定；（5）参与焊口标识编制；（6）对预制焊口与安装焊口的分析判定。

4. 管道施工需要准备哪些工机具？

水平尺、卷尺、直角尺、粉线、线锤、扳手、磨光机、切割机、氧气乙炔、对口夹具、手拉葫芦、手锤等。

5. 管道技术交底包含哪些内容？

装置概况、工程特点及施工节点、主要施工内容、施工重点、材料的领用及管理、管道焊口标识、管道预制与管道安装、质量控制措施及注意要点、工序交接点、季节性施工的安全分析和相关安全要求。

第二章 管道工程材料验收要求

1. 管道组成件和支承件的到货验收通用条件是什么？

（1）TSG D2001 制造许可范围内的管道元件制造单位，应具有质量技术监督行政部门颁发的相应类别的压力管道元件制造许可证，产品上还应有 TS 许可标志。

（2）管道组成件和支承件应符合设计文件规定。

（3）管道组成件、弹簧支吊架、低摩擦管架、阻尼装置及减振装置等产品应有质量证明书。质量证明书上应有产品标准、设计文件和订货合同中规定的各项内容和检验、试验结果。验收时应对质量证明书进行审查，并与实物标志核对。无质量证明书或与标识不符的产品不得验收。

（4）若对产品质量证明书中的特性数据有异议，或产品不具备可追溯性，供货方应按相应标准作补充试验或追溯到产品制造单位。问题未解决前，该批产品不得验收。

（5）管道组成件和支承件在使用前应逐件进行外观检查和尺寸规格确认，其表面质量除应符合产品标准规定外，尚应符合下列要求：

①无裂纹、缩孔、夹渣、重皮等缺陷；

②锈蚀、凹陷及其他机械损伤的深度，不超过产品标准允许的壁厚负偏差；

③螺纹形式、坡口的形式和尺寸、密封面的加工粗糙度应符

合达到设计文件和产品标准要求；

④焊缝成型良好，且与母材圆滑过渡，不得有裂纹、未熔合、未焊透等缺陷；

⑤金属波纹管膨胀节、弹簧支吊架等装运件，定位销应齐全完整，无松动现象。

(6)铬钼合金钢、含镍低温钢、不锈钢、镍及镍合金、钛及钛合金材料的管道组成件应采用光谱分析或其他方法对材质进行复查，并应做好标识。

(7)设计文件规定进行低温冲击韧性试验的管道组成件，供货方应提供低温冲击韧性试验结果的文件，且试验结果不得低于设计文件的规定。

(8)设计文件规定进行晶间腐蚀试验的不锈钢、镍及镍合金管道组成件，供货方应提供晶间腐蚀试验结果的文件，且试验结果不得低于设计文件的规定。

(9)凡按规定作抽样检查、检验的样品中，若有一件不合格，应按原规定数的两倍抽检；若仍有不合格，则该批管道组成件和支承件不得验收，或对该批产品进行逐件验收检查。但规定作合金元素验证性检验的管道组成件如第一次抽检不合格，则该批管道组成件不得验收。验收合格的管道组成件应做好标识。

(10)未明确规定的其他管道组成件的标识及验收标准应符合设计文件及相应的产品标准的要求。由制造厂制作的弯管，验收时应加倍抽查。

(11)管道组成件应分区分类存放，在施工过程中应妥善保管，不得混淆或损坏，其标记应明显清晰。材质为不锈钢、有色金属的管道组成件，在运输和存储期间不得与碳素钢、低合金钢接触。

2. 管子和管件的验收项目和要求有哪些？

（1）管子和管件使用前，应按要求核对质量证明书、规格、数量和标志。

（2）管子的质量证明书应包括以下内容：

①制造厂名称、合同号；

②产品标准号；

③钢的牌号；

④炉号、批号和订货合同规定的其他标识；

⑤品种名称、规格及质量等级；

⑥交货状态、重量和件数；

⑦产品标准和订货合同规定的各项检验结果；

⑧质量检查部门的印记。

（3）管件的质量证明书应包括以下内容：

①制造厂名称；

②制造日期、批号及订货合同规定的其他标识；

③产品名称、规格、材料、材料标准号及产品标准号；

④原材料化学成分和力学性能；

⑤标准和订货合同规定的其他检验试验结果；

⑥质量检查部门的印记。

（4）SHA1（1）及设计压力等于或大于 10MPa 的管道用的管子质量证明书中应有超声检测结果，且其人工缺陷级别不得低于 L2.5 级。否则，应按 GB/T 5777—2008 的规定，逐根进行补项试验。

（5）管子和管件应有清晰的标志，其内容包括制造厂代号或商标、许可标志、材料（牌号、规格、炉批号）、产品编号等，并且应当符合安全技术规范及其相应标准的要求。从产品标志应能追溯到产品质量证明文件。

(6)SH 3501 中规定的管道组成件中的管子、管件的主要合金元素含量验证性检验，每批(同炉批号、同材质、同规格)抽检10%，且不少于 1 件。

(7)设计压力等于或大于 10MPa 的管子和管件，外表面应逐件进行表面无损检测，且不得有线性缺陷。

(8) SHA1 级管道中设计压力小于 10MPa 的输送极度危害介质(苯除外)和高度危害的光气、丙烯腈介质的管子和管件，每批应抽5%且不少于 1 件，进行表面无损检测，且不得有线性缺陷。抽样检测发现有超标缺陷时，凡按规定作抽样检查、检验的样品中，若有一件不合格，应按原规定数的两倍抽检；若仍有不合格，则该批管道组成件和支承件不得验收，或对该批产品进行逐件验收检查。但规定作合金元素验证性检验的管道组成件如第一次抽检不合格，则该批管道组成件不得验收。验收合格的管道组成件应作好标识。

(9)管子及管件经磁粉检测或渗透检测发现的表面超标缺陷允许修磨，修磨后的实际壁厚不得小于管子公称壁厚的90%，且不应小于相应产品标准规定的最小壁厚。

3. 管道色标有哪些要求？

管材色标是为管材具有可追溯性检查而制定的。具体要求为：

(1)材质色标根据业主方、监理方、施工方的规定及装置材料种类制定项目材料色标管理规定，保证每种材料的唯一性。

(2)色标移植：到货管材、管件在喷砂前将原有规格、壁厚等级及材质色标移植到管子端部 100mm 内壁处，待喷砂除锈检查合格，刷完底漆后将管内壁标识移植到管外壁上，材质色标采取沿管子、管件通长刷宽 15～20mm 的色标。

(3)材料到预制区域后按管道预制过程标识和出厂标识的要

求严格执行，以实现全过程可追溯性。

4. 钢管常见的表面质量缺陷有哪些？

（1）表面裂纹：指钢材表面呈直线形的裂纹现象，一般应与锻造或轧制方向一致；

（2）重皮与折叠：钢材表面黏结的呈舌状或鳞状的金属薄片，在局部表面形成重叠，有明显的折叠纹。

5. 钢管常见的内部缺陷有哪些？

（1）偏析：实际上是钢中化学成分不均匀分布现象的总称。

（2）疏松：钢材内部的孔隙，这种孔隙在低倍样上一般呈现不规则多边形，底部尖狭的凹坑，通常多出现在偏析斑点之内。

（3）夹杂：夹杂分金属夹杂和非金属夹杂。

（4）缩孔：在低倍样上，缩孔位于中心部位，其周围常是偏析、夹杂或疏松密集的地方，有时在腐蚀前就可以看到洞穴或缝隙。腐蚀后孔穴部分变暗，呈不规则褶皱的孔洞。

（5）气泡：在低倍样上，是与表面大致垂直的裂缝，附近略有氧化和脱碳现象，在表面以下的位置存在称为皮下气泡，较深的皮下气泡称为针孔。形成原因：钢锭浇注过程中所产生的气体和放出的气体造成的缺陷。

（6）裂纹：在低倍样上，轴心位置沿晶间开裂，成蛛网状，严重时呈放射状开裂。

（7）白点：在低倍样上呈细短的裂缝，一般集中在钢材的内部，在厚度 20～30mm 表面层内几乎没有，因为裂纹不易区分，应补作断口试验予以验证。白点在断口上显示为粗晶粒状的银亮白点。

6. 钢管常见的外形尺寸缺陷有哪些？

（1）尺寸超差：包括钢材的长度、直径、厚度、正负公差、修磨深度、宽度等尺寸不符合订货标准的要求。

（2）椭圆度：指圆形截面的钢材截面上最大最小直径之差。

（3）弯曲度：钢材在长度和宽度方向不平直，不同材料的弯曲度有不同的名称，型材以弯曲度表示；板、带则以镰刀弯、波浪弯、飘曲度表示。

（4）扭转：条形钢材沿轴向扭成螺旋状。

7. 阀门的验收项目和要求有哪些？

（1）阀门的质量证明书，应包括以下内容：

①产品名称或型号；

②公称压力、公称通径和适用温度；

③ 阀门主要部件材料；

④产品出厂编号和订货合同规定的其他标识；

⑤依据标准、检验结论及检验日期；

⑥产品标准和订货合同规定的各项检验结果；

⑦质量检查部门的印记。

（2）设计文件要求做低温密封试验的阀门，应有制造单位的低温密封性试验的合格证明。

（3）低温阀门、用于极度危害介质（苯除外）和光气、丙烯腈介质的阀门以及设计压力等于或大于10MPa的阀门，其焊缝或阀体、阀盖等承压部件，应有相应标准规定的无损检测合格证明。

（4）阀门上应有制造厂名称、阀门型号、公称压力、公称通径、许可标志和产品生产编号等标志。

（5）阀门应按设计文件中的"阀门规格书"，对阀门产品质量证明书中标明的阀体材料、特殊要求的填料及垫片进行核对。若不符合要求，该批阀门不得使用。

（6）阀门应对其阀体、阀盖及其连接螺栓的主要合金元素含量进行验证性检验，每批（同批号、同材质、同规格）抽检10%，且不少于 1 件。

（7）阀门应逐个按照 SH 3518—2013 的规定进行阀体（含阀门夹套）压力试验和密封面密封试验。到制造厂逐件见证压力试验并有见证试验记录的阀门，可以免除压力试验。

（8）安全阀应按设计文件和 TSG ZF001 的规定进行调试。调压时压力应平稳，启闭试验不得少于 3 次。调试合格后，应及时进行铅封。

（9）试验合格的阀门应作出标识，并填写阀门试验记录。

8. 法兰、法兰盖及翻边短节的验收项目和要求有哪些？

（1）法兰、法兰盖及翻边短节的质量证明书应包括以下内容：

①产品名称和标准号；

②公称压力、公称尺寸、密封面形式及壁厚（管表号）；

③材料牌号（代号）及检验试验结果；

④产品数量、批号；

⑤质量检查部门的印记。

（2）法兰、法兰盖及翻边短节的外观检查应符合如下要求：

①密封面应平整，不得有锈蚀和径向划痕；

②法兰和法兰盖的外缘应有许可标志；

③产品标准号、公称尺寸、公称压力、材质及密封面型式代号，应与质量证明书相符。

（3）管道组成件中的法兰、法兰盖和翻边短节，应对其主要合金元素含量进行验证性检验，每批抽检 10%，且不少于 1 件。

9. 紧固件的验收项目和要求有哪些？

（1）紧固件的质量证明书内容应包括以下内容：

①名称（包括产品等级）、规格、尺寸、数量；

②材料牌号及检验、试验结果；

③标准编号；

④批号(或出厂日期)；

⑤质量检查部门的印记。

(2)紧固件的螺纹应完整，无划痕、无毛刺等缺陷。加工精度符合产品标准的要求。

(3)紧固件应有标志，内容应包括制造厂标识、材料代号、螺纹规格和公称长度。

(4)下列管道用的铬钼合金钢螺柱和螺母应采用光谱分析对其主要合金元素含量进行验证性检验，每批抽检5%，且不少于10件：

①设计压力等于或大于10MPa；

②设计温度低于－29℃；

③设计温度等于或大于400℃。

(5)设计压力等于或大于10MPa管道用的铬钼合金钢螺柱和螺母应进行硬度检验，每批抽检不少于10件，硬度值应在设计文件或产品标准规定的范围内。若有不合格，按本章第二问第8条处理。

(6)低温管道用的铬钼合金钢螺柱应进行低温冲击性能检验，每批抽检不少于2根。试验结果应符合设计文件或产品标准的要求。若有不合格，加倍抽检。

10. 垫片的验收项目和要求有哪些？

(1)垫片的产品合格证和标志应包括标准号、材质、产品代号、公称压力、公称直径、垫片型式等内容。

(2)垫片应按下列要求进行检查，每批抽检不得少于1件：

①缠绕垫片不得有松散、翘曲现象，其表面不得有影响密封性能的伤痕、空隙、凹凸不平及锈斑等缺陷；

②金属环垫和透镜垫的加工尺寸、精度、粗糙度应符合设计文件和产品标准的要求，表面应无裂纹、毛刺、凹槽、径向划痕及锈蚀等缺陷；

③非金属平垫片的边缘应切割整齐，表面应平整光滑，不得有气泡、分层、折皱、划痕等缺陷。

（3）金属环垫和透镜垫应逐件进行硬度检验。检验位置应避开密封面，检验结果应符合设计文件或产品标准的规定。

11. 金属波纹管膨胀节的验收项目和要求有哪些？

（1）金属波纹管膨胀节的铭牌应包括下列内容：

①制造厂名称、制造许可证编号和许可标志；

②型号、型式和规格；

③出厂编号；

④设计温度和设计疲劳寿命；

⑤外形尺寸、总质量；

⑥出厂日期。

（2）金属波纹管膨胀节质量证明书应包括下列内容：

①膨胀节型式和型号；

②出厂编号；

③设计温度、设计压力、设计疲劳寿命和补偿量；

④波纹管和受压筒节、法兰、封头等受压件的材质证明书；

⑤膨胀节的外观检查、尺寸检查、焊接接头检测和压力试验等项目出厂检验结论；

⑥产品标准号；

⑦质量检查部门的印记。

（3）金属波纹管膨胀节应按下列要求逐件进行外观检查：

①波纹管和焊缝表面不得有裂纹、气孔、夹渣、凹坑、焊接飞溅物、划痕和机械损伤等缺陷；

②装有导流筒的膨胀节有介质流向箭头；

③装运件涂有黄色标识。

12. 爆破片的验收项目和要求有哪些？

（1）爆破片的标志应包括下列内容：

①制造厂名称、制造许可证编号和许可标识；

②爆破片的型号、形式、规格和批次编号；

③材料、适用介质和爆破温度；

④标定爆破压力或者设计爆破压力、泄放侧方向；

⑤夹持器型号、规格、材料，以及流动方向；

⑥检验合格标识及监检标识；

⑦制造日期。

（2）爆破片质量证明书应包括下列内容：

①永久性标识的内容；

②制造标准；

③制造范围和爆破压力允差；

④检验报告(包括爆破试验报告)。

（3）爆破片的规格、材质及技术参数应符合设计文件的规定，并应逐件进行外观检查。表面不得有裂纹、锈蚀、微孔、气泡、夹渣、凹坑和划伤等缺陷，衬层、涂(镀)层应均匀、致密。

13. 阻火器的验收项目和要求有哪些？

（1）阻火器的铭牌应包括下列内容：

①制造厂名称、制造许可证编号和许可标识；

②型号、形式和规格；

③产品编号；

④阻火性能(爆炸等级、安全阻火速度等)；

⑤气体流量和压力降；

⑥阻火侧方向(仅对于单向阻火器);

⑦适用气体名称、温度和公称压力;

⑧检验合格标识及监检标识;

⑨制造日期。

(2)阻火器质量证明书应包括下列内容:

①铭牌上的内容;

②制造标准;

③检验报告;

④其他的特殊要求。

(3)阻火器的规格、材质及技术参数应符合设计文件的规定,并应逐件进行外观检查。焊接件的焊缝不得有裂纹、气孔、夹渣、凹坑、焊接飞溅物等缺陷。阻火器内部不得有积水、锈蚀、脏污、加工屑及损伤。

14. 管道支承件的验收项目和要求有哪些?

(1)管道支承件的材质、规格、型号、外观及几何尺寸应符合设计规定。

(2)弹簧支吊架上应有铭牌和位移指示板。铭牌内容包括支吊架型号、载荷范围、安装载荷、工作载荷、弹簧刚度、位移量、管道编号、管架号、出厂编号及日期等。定位销或定位块应在设计冷态值位置上。

第三章　管道预制

1. 管工如何确定活动口与固定口？

（1）结合平面布置图和管道单线图初步划定固定口，固定口尽量留在便于焊接的位置。

（2）考虑到吊装、运输、二次预制，确定活动口和固定口。

（3）根据现场设备管口方位进行二次测量、预制及安装。

2. 管工在管道材料领用时需注意哪些方面？

（1）根据管道材料表领用材料。

（2）领料前对材料规格、材质进行检查。

（3）材料质量缺陷会严重影响施工质量，领料前需对材料质量进行检查。

（4）材料出库前是否已完成相应检测，以相应报告或记录为依据。

（5）材料的分区、分类归置。

（6）管道防腐（内、外）和支架材料防腐是否完好。

（7）管道材料标识与项目色标管理规定核对是否相符。

（8）管道材料尺寸壁厚与设计文件核对是否相符。

（9）同一条管道上出现不同色标时需注意管道分级、管配件材料标识。

3. 管段下料时应注意哪些方面？

（1）一般情况下先根据施工图纸的尺寸计算净料，安装时结合现场实际测量尺寸进行最终下料。

（2）高压管道、低温钢管道、合金钢管道等重要管道下料前要根据实际到货的管材的长度进行套料。

4. 管道现场测量包含哪些方面？

（1）施工图纸与现场设备管口方位、口径、标高、水平度等的核对。

（2）钢结构与管道施工图纸的标高进行核对。

5. 管道坡口的形式有哪些？

施工过程中，为了保证焊接质量，需在焊接前对工件需要焊接处进行加工，可以气割，也可以切削而成，一般为斜面，有时也为曲面，这个过程叫做开坡口。比如两块厚 10mm 的钢板要对焊到一起，为了焊缝牢固，会在板边缘铣出倒角。开坡口的目的是为了得到全部焊透的焊缝。

由于材料厚度和焊接质量要求的不同，焊接接头形式与坡口形式也不尽相同，一般坡口形式分为 K 形、V 形、I 形、U 形、X 形、T 形等。下面以碳素钢、合金钢的焊接坡口形式来介绍种类和尺寸要求；如图 2-3-1 ~ 图 2-3-3 所示。

序号	厚度 δ/mm	坡口名称	坡口形式	坡口尺寸			备注
				间隙 c/mm	钝边 p/mm	坡口角度 $\alpha(\beta)$/(°)	
1	1 ~ 3	I 形坡口	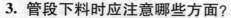	0 ~ 1.5	—	—	单面焊
	3 ~ 6			0 ~ 2.5	—	—	双面焊

续表

序号	厚度 δ/mm	坡口名称	坡口形式	坡口尺寸 间隙 c/mm	坡口尺寸 钝边 p/mm	坡口尺寸 坡口角度 α(β)/(°)	备注
2	3~9	V形坡口	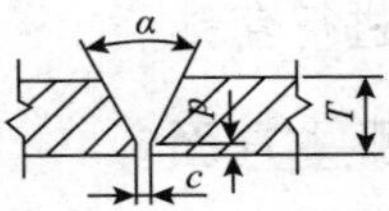	0~2	0~2	60~65	—
	9~26			0~3	0~3	55~60	
3	6~9	带垫扳V形坡口	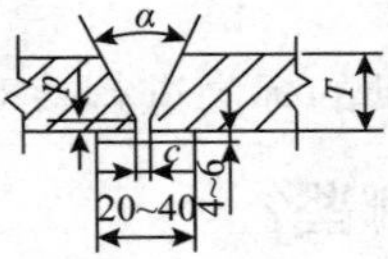	3~5	0~2	40~50	—
	9~26			4~6	0~2		
4	20~60	X形坡口	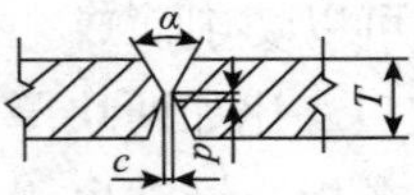	0~3	0~2	55~65	—
5	20~60	双V形坡口	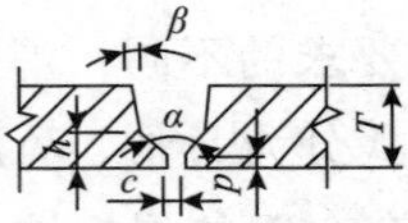	0~3	1~3	65~75 (10~15)	$h=8\sim12$

图 2-3-1　焊接坡口形式(1)

序号	厚度 δ/mm	坡口名称	坡口形式	坡口尺寸 间隙 c/mm	坡口尺寸 钝边 p/mm	坡口尺寸 坡口角度 α (β)/(°)	备注
6	20~60	U形坡口	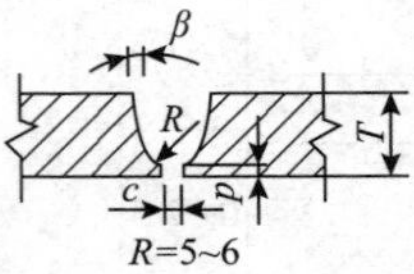	0~3	1~3	(8~12)	$R=5\sim6$

续表

序号	厚度 δ/mm	坡口名称	坡口形式	坡口尺寸			备注
				间隙 c/mm	钝边 p/mm	坡口角度 α (β)/(°)	
7	2～30	T形接头 I形坡口	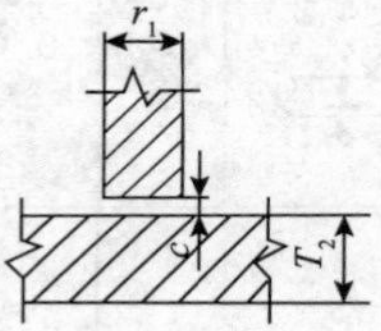	0～2	—	—	—
8	6～10	T形接头单边V形坡口	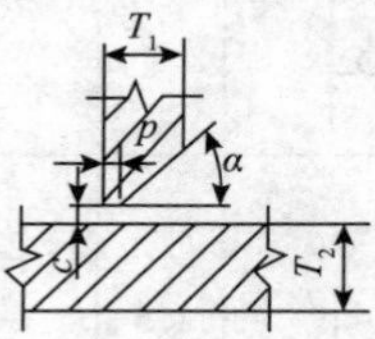	0～2	0～2	40～50	—
	10～17			0～3	0～3		
	17～30			0～4	0～4		
9	20～40	T形接头 K形坡口	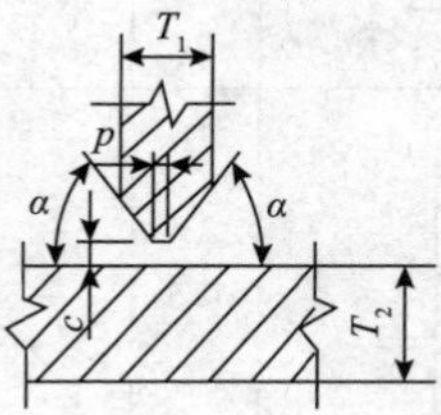	0～3	2～3	40～50	—
10		安放式焊接支管坡口	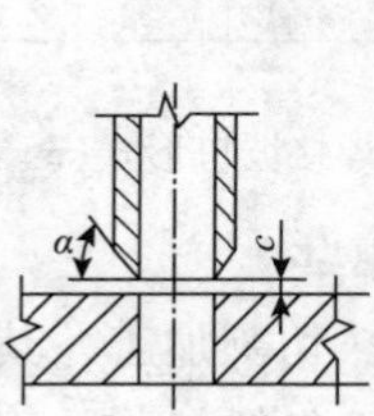	2～3	0～2	45～60	—

图2-3-2　焊接坡口形式(2)

序号	厚度 δ/mm	坡口名称	坡口形式	坡口尺寸			备注
				间隙 c/mm	钝边 p/mm	坡口角度 $\alpha(\beta)$/(°)	
11	3～26	插入式焊接支管坡口	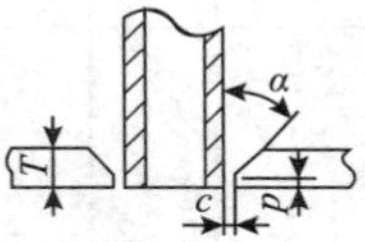	1～3	0～2	45～60	—
12		平焊法兰与管子接头	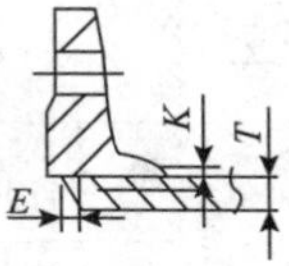	—	—	—	$E = T$ 且 不大于6
13		承插焊法兰与管子接头	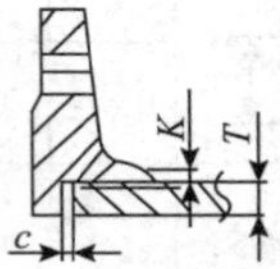	1.5	—	—	—
14		承插焊管件与管子接头	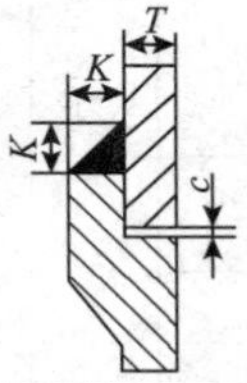	1.5	—	—	—

图 2-3-3　焊接坡口形式(3)

6. 坡口加工的方法有哪些？

坡口加工分为机械加工和热切割加工，其中机械加工包括切削、剪切、磨削等，热切割加工包括气割、等离子切割、碳弧气刨等。

7. 钢管切割时有哪些要求？

碳钢管可采用机械切割和火焰切割；镀锌管应采用机械及锯

齿切割；铬钼合金钢管宜采用机械切割，当铬钼合金钢管坡口采用热加工时，坡口表面应进行100%渗透检测，检测结果不得有线性缺陷；镍合金、不锈钢、有色金属也宜采用机械切割，如机械切割有困难的不锈钢管子在采用等离子方法切割时，应在切割位置的管内做好保护措施，保护措施可采用防火布填塞，切割后再采用机械加工方法消除飞溅，使表面露出金属光泽。

8. 坡口打磨有什么要求？

(1)焊缝的坡口形式和尺寸，按工艺文件的规定加工，一般用机械方法加工，如用非机械方法加工，应用专用砂轮片打磨光滑。

(2)焊前应除去坡口表面及其两侧20mm范围内的油锈和污物，并保持清洁、干燥。

(3)不锈钢管、钛管用砂轮切割与修磨时，应使用专用砂轮，不得使用切割碳素钢管的砂轮，以免影响不锈钢管与钛管的质量。

9. 直管与弯头、三通、法兰等管件如何组对？

(1)直管两端各组对弯头、三通的操作方法

一般先组对三通，三通按规范要求保证错边量和直线度前提下组对完毕，如图2-3-4、图2-3-5所示，按单线图管道走向确定好弯头与三通组对方向，一般立体夹角为0°、90°、180°、270°四种。

①利用水平尺组对：先按图2-3-4将水平尺靠在三通口，并找水平后固定好，再组对90°弯头，弯头另一端放上水平尺并找水平后，按规范要求保证错边量、直线度和垂直度前提下组对完毕。

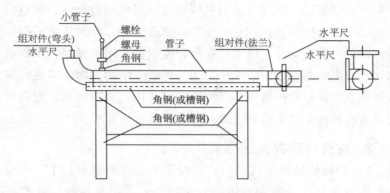

图 2-3-4　直管三通弯头水平尺组对示意图

　　②利用角尺组对：先按图 2-3-5 将角尺靠在三通口，角尺基本处于垂直位置后固定好，再组对 90°弯头，弯头另一端放上角尺并用单肉眼瞄准两角尺重合成一条线，按规范要求保证错边量、直线度和垂直度前提下组对完毕。

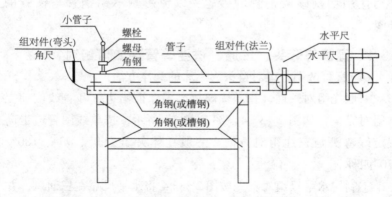

图 2-3-5　直管三通弯头角尺、水平尺组对示意图

　　③三通与任意角度弯头组对：也是按上述的做法一般先组对完三通，然后利用水平尺将直管找水平，按单线图管道走向确定好弯头与三通组对方向，再将水平尺靠在三通口，并找水平后固

定好，再组对任意角弯头，但必须满足任意角度弯头一端放水平尺与地面为垂直方向，弯头另一端放上水平尺并找水平后，按规范要求保证错边量、直线度和垂直度前提下组对完毕。

（2）直管一端为法兰，另一端组对弯头或三通的操作方法

①利用水平尺组对：一般先组对法兰，按规范要求保证错边量和法兰面与直管垂度前提下组对完毕，先按图2-3-6将水平尺靠在任意相邻的两个法兰眼，并找水平后固定好，再组对90°弯头（或三通），弯头另一端放上水平尺并找水平后，按规范要求保证错边量、直线度和垂直度前提下组对完毕。

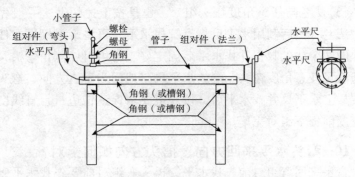

图2-3-6　直管法兰弯头水平尺组对示意图

②利用角尺组对：一般先组对法兰，法兰按规范要求保证错边量和法兰面与直管垂度前提下组对完毕，先按图2-3-7将角尺靠任意相邻的两个法兰眼，角尺基本处于垂直位置后固定好，再组对90°弯头，弯头另一端放上角尺并用单肉眼瞄准两角尺重合成一条线，按规范要求保证错边量、直线度和垂直度前提下组对完毕。

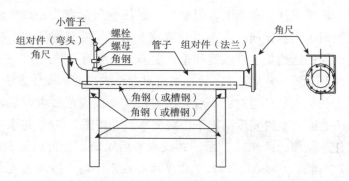

图2-3-7　直管法兰弯头角尺、水平尺组对示意图

（3）法兰与任意角度弯头组对：也是按上述的做法一般先组对完法兰，然后利用水平尺将直管找水平，再将水平尺靠在任意相邻的两个法兰眼，并找水平后固定好，再组对任意角弯头，但必须满足任意角度弯头一端放水平尺与地面为垂直方向，弯头另一端放上水平尺并找水平后，按规范要求保证错边量、直线度和垂直度前提下组对完毕。

10. 弯头水平来回方向、摇头方向如何组对？

弯头来回组对前先找水平，摇头弯组对前要先找水平管和垂直管的水平，找正合格后再进行组对工作。一般直管先组对一个弯头，弯头按规范要求保证错边量和直线度前提下组对完毕，如图2-3-8~图2-3-11所示，按单线图管道走向确定好弯头与弯头组对方向，一般立体夹角为0°、90°、180°、270°四种，其中夹角为0°俗称电话弯，夹角为90°和270°俗称摇头弯，夹角为180°俗称来回弯。

（1）来回弯组对操作方法

①利用水平尺组对：利用水平尺组对来回弯共两种方法，先按图2-3-8将水平尺靠在弯头口，并找水平后固定好，再组对另一个弯头，弯头另一端放上水平尺并找水平后，按规范要求保证

错边量、直线度和垂直度前提下组对完毕。

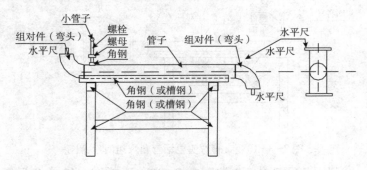

图2-3-8 直管弯头来回弯水平尺组对示意图

②利用角尺组对：先按图2-3-10将角尺靠在弯头口，角尺基本上处于水平或垂直位置后固定好，再组对另一个弯头，弯头另一端放上角尺并用单肉眼瞄准两角尺水平端重合成一条线，按规范要求保证错边量、直线度和垂直度前提下组对完毕。

（2）电话弯、摇头弯组对操作方法

①利用水平尺组对：先按图2-3-9、图2-3-11(以摇头弯组对为例)将水平尺靠在弯头口，并找水平后固定好，再组对90°弯头，弯头另一端放上水平尺并找水平后，按规范要求保证错边量、直线度和垂直度前提下组对完毕，电话弯的组对也参照上述方法。

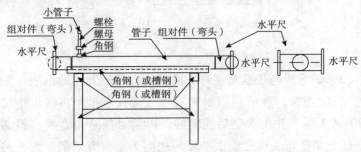

图2-3-9 直管弯头电话弯水平尺组对示意图

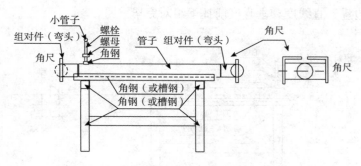

图 2-3-10　直管弯头电话弯角尺组对示意图

②利用角尺组对：先按图 2-3-10、图 2-3-12 将角尺靠在弯头口，角尺基本上处于水平或垂直位置后固定好，再组对另一个弯头，弯头另一端放上角尺并用单肉眼瞄准两角尺重合成一条线，按规范要求保证错边量、直线度和垂直度前提下组对完毕，电话弯的组对也参照上述方法。

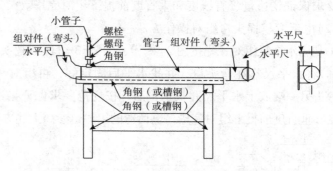

图 2-3-11　直管弯头摇头弯水平尺组对示意图

（3）90°弯头与任意角度弯头组对：也是按上述的做法一般先组对完 90°弯头，然后利用水平尺将直管找水平，再将水平尺靠在 90°弯头端，并找水平后固定好，再组对任意角弯头，但必须满足任意角度弯头一端放水平尺与地面为垂直方向的，弯头另一端放上水平尺并找水平后，按规范要求保证错边量、直线度和垂直度前提下组对完毕。

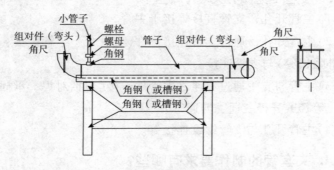

图2-3-12　直管弯头摇头弯角尺组对示意图

11. 承插焊管件组对间隙有什么要求？

承插管底部与加强管嘴(包括承插弯头、法兰、三通)凹面间隙控制为 1~1.5mm 左右，但机组的循环油、控制油、密封油管道承口与插口的轴间不宜留间隙。

12. 管道组对错边量如何控制和处理？

管道组对时错边量不得超过管子壁厚的 10%，且检查等级为 1 级的管道不应大于 1mm，其他级别的管道不应大于 2mm。当不同壁厚的管子组对时应按图 2-3-13 要求加工。

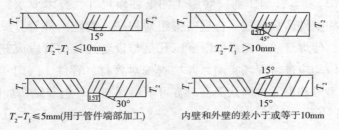

图2-3-13　焊缝错边加工示意图

13. 支管连接的形式有哪些?

(1)主管开孔,支管直接焊接于主管。

(2)主管开孔,通过支管连接管件(支管台、半管接头、强短管、补强板等)与支管连接。

(3)主管与支管通过三通之类管件连接(包括对焊、承插、螺纹等;等径或异径三通、四通等)。

(4)主管开孔与支管螺纹连接等。

14. 夹套管的制作要求有哪些?

(1)夹套管的制作工序:内管下料坡口制作→内管局部焊接→内管焊接定位板、端板套环、导向板及防冲板→焊缝检验和酸洗钝化→外管下料坡口制作→外管局部焊接→外管焊缝检验和酸洗钝化→内管上套装外管→内管组对→内管焊接→内管焊缝检验和酸洗钝化→内管强度试验与吹扫→外管组对→外管焊接→外管焊缝检验和酸洗钝化→外管强度试验与吹扫。

(2)夹套管的制作工作应在清洁、避风的环境中进行,为保证夹套管的焊接质量,氩弧焊室外作业环境时风速等于或大于2m/s时需采取防风措施,否则不允许施焊。

(3)夹套管制作前应对施工图纸各段尺寸、技术要求、选用材料和配件认真校核。合理安排组对程序、制定内外管分段切割计划,使焊缝减少到最低限度。凡是与设备连接的管段或其他封闭管段均应进行现场实测,并检查校对管材、管件、阀门、法兰等的型号和材质,确认无误时方可下料预制。其组装结构如图2-3-14 所示。

(4)管道若有明显油迹,必须进行脱脂处理,并根据脏物情况,制定脱脂措施。可用有机溶剂(二氯乙烷、三氯乙烯、四氯化碳、工业酒精等)、浓硝酸或碱液进行脱脂。

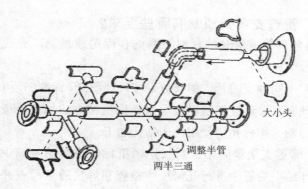

大小头

调整半管

两半三通

图2-3-14　夹套管剖开示意图

（5）夹套管的制作应确保质量，内管焊缝裸露可见，以方便各项检查。

（6）夹套管制作分段，以方便运输和安装尺寸的调整为原则，并保证尺寸的正确性，预留长度以50~100mm为宜。对坡度，垫片厚度，支、吊架位置，焊缝布局，检测点开孔等需综合考虑。

（7）夹套管制作应保证它的直线性和水平转角、立体转角的准确性。利用平台和角规严格控制其几何尺寸，还需有防止部件施焊变形的技术措施。

15. 夹套管施工有哪些要求？

（1）内管安装过程中必须对连接的设备实施无应力配管。

（2）全包式夹套管的连通管的布置要考虑到保温和操作方便，同时应避免出现介质流动死角。

（3）外管施工完后，应及时安装正式支架，只有正式支架安装后，才能拆除其附近的临时支架。

（4）连通管进出口，应采用机械钻孔，不宜用火焊切割。

（5）夹套外管试压时，内管应当注满液体避免内外管压差过大造成内管损伤。

16. 管道支吊架预制有哪些要求？

（1）各种管道支架的材料下料前在库房或预制厂完成除锈防腐工作。

（2）不同种类的管支吊架分别按设计图纸（标准图册）进行集中下料预制，管道支架下料应尽量使用机械方法加工，板材使用剪板机切割，螺栓孔均使用钻床钻孔加工。

（3）管道支架预制结束后按照图纸标记进行编号标识，支架预制工作结束后逐个进行几何尺寸检查和焊接质量检查并登记建账，支架检查合格后对支架焊接部位进行补漆。

17. 非金属管道预制有哪些要求？

（1）管子切割时，宜采用专用工具，不得采用火焰切割。

（2）硬质塑料管不宜采用手持式电动工具切割。

（3）管子切口、坡口表面应平整，无裂纹、分层、凸凹、缩口等缺陷。

（4）钢骨架聚四氟乙烯复合管加工后的管段宜采用封口处理，封口处焊缝应平整均匀，外露钢骨架应完全覆盖。

（5）切割后的玻璃钢管及玻璃钢塑料复合管应当天施工，否则坡口应涂树脂保护，树脂应涂刷均匀。

（6）切割完成后应对几何尺寸和外观进行检查，切口端面应与管子轴线垂直，其倾斜偏差不得大于管子外径的1%，且不大于5mm。

18. 钛材管道施工有哪些要求？

（1）钛材熔点高、导热性差，焊接易过热导致晶粒粗大，降低接头性能，应控制焊接线能量。

（2）钛管施工防护要求高，焊接采用高纯度惰性气体进行保护，施工现场保证清洁和无铁离子。

（3）管材及其配件在开箱之后应妥善保管，与其他物体的接触面应铺设橡胶、木板或其他不含卤素或卤化物软质材料保护其表面。

（4）严格按照场内所有分的"原材料区""半成品"堆放在枕木上，避免与其他材料钢材接触。

（5）预制阶段应严格按照施工要求进行，使用专用场地、工具、专人进行加工，加工场地与其他预制场地隔离且封闭预制。

（6）所有特材管线在运输和现场安装之前，都必须清理干净，用塑料布缠绕包装。

（7）阀门密封面表面涂清漆或黄油，用塑料盖或塑料布包扎保护。

（8）预制完毕的管道必须用锡箔纸带缠绕包裹，防止其他材质的铁屑污染。

19. 等径正三通马鞍口如何放样？

等径正三通马鞍口示意图见图2-3-15，展开图见图2-3-16。

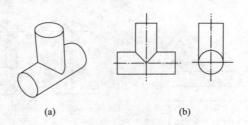

(a)　　　　　　　　(b)

图2-3-15　等径正三通

（1）以O为圆心，以1/2管外径（即D/2）为半径作半圆并六等分之，等分点为4′、3′、2′、1′、2′、3′、4′。

（2）把半圆上的直径4-4向右引延长线AB，在AB上量取管外径的周长并12等分之。自左至右等分点的顺序标号为1、2、3、4、3、2、1、2、3、4、3、2、1。

（3）作直线 *AB* 上各等分点的垂直线，同时，由半圆上各等分点(1′、2′、3′、4′)向右引水平线与各垂直线相交。将所得的对应点连成光滑的曲线，即得支管展开图。

（4）以直线 *AB* 为对称线，将 4 – 4 范围内的垂直线对称地向上截取，并连成光滑的曲线，即得主管上开孔的展开图。

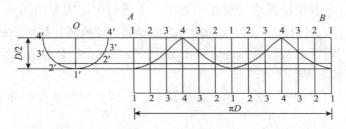

图 2 – 3 – 16　等径正三通展开图

20. 等径斜三通马鞍口如何放样？

图 2 – 3 – 17 是等径斜三通的投影图，从图 2 – 3 – 17 中可知支管与主管的交角为 α，其展开图 2 – 3 – 19 的作图步骤如下：

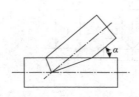

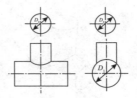

图 2 – 3 – 17　等径斜三通　　图 2 – 3 – 18　异径正三通

（1）根据主管和支管外径和交角 α 画出等径斜三通的正立面投影图。

（2）在支管的顶端画半圆并六等分，由各等分点向下画出与支管中心线相平行的斜直线，使之与主管右断面上部半圆六等分线相交得直线 1 – 1、2 – 2、3 – 3、4 – 4、5 – 5、6 – 6、7 – 7，将这些线段移至支管周长等分线的相应线段上，得点 1、2、3、4、

5、6、7、6、5、4、3、2、1，用光滑曲线将这些点连接起来即是支管的展开图。

（3）将等径斜三通正立面图上的交点 1、2、3、4、5、6、7 向下引垂直线，与半圆周长（$D/2$）的各等分线相交，得交点 1′、2′、3′、4′、5′、6′、7′，用光滑曲线将这些点连接起来即是主管开孔的展开图。

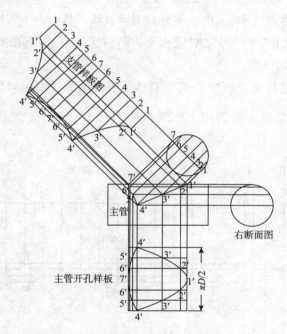

图 2-3-19　等径斜三通展开

21. 异径正三通马鞍口如何放样？

图 2-3-18 是异径正三通的投影图，其展开图的作图步骤见图 2-3-20。

（1）根据主管的外径 D_1 及支管的外径 D_2 在一根垂直轴线上画出大小不同的两个圆（主管画成半圆）。

（2）将支管上半圆弧六等分，分别标注号4、3、2、1、2、3、4，然后从各等分点向下引垂直的平行线与主管圆周相交，得相应交点4′、3′、2′、1′、2′、3′、4′。

（3）将支管圆直径4–4向右引水平线AB，使AB等于支管外径的周长并十二等分之，自左至右等分点的顺序标号是1、2、4、3、2、1、2、3、4、3、2、1。

（4）由直线AB上的各等分点引垂直线，然后由主管圆周上各交点向右引水平线与之对应相交，将对应交点连成光滑的曲线，即得支管展开图。

（5）延长支管圆中心的垂直线，在此直线上以点1′为中心，上下对称量取主管圆周上的弧长$\overset{\frown}{1'2'}$、$\overset{\frown}{2'3'}$、$\overset{\frown}{3'4'}$得交点2′、3′、4′、2′、3′、4′。

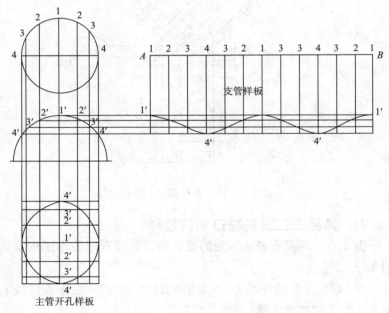

图2-3-20　异径正三通的展开

（6）通过这些交点作垂直于该线的平行线，同时将支管半圆上的六等分垂直线延长与这些平行直线分别相交，用光滑曲线连接各相应交点，即成主管上开孔的展开图。

22. 异径斜三通马鞍口如何放样?

图2-3-21是异径斜三通的投影图，从图中可知主管外径为D、支管外径为D_1、支管与主管轴线的交角为α。

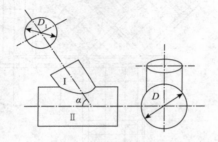

图2-3-21　异径斜三通

要画出支管的展开图和主管上开孔的展开图，要先求出支管与主管的接合线（即相贯线）。接合线用图2-3-22所示的作图方法求得。

（1）先画出异径斜三通的立面图与侧面图，在该两图的支管端部各画半个圆并六等分之，等分点标号为1、2、3、4、3、2、1。然后在立面图上通过诸等分点作平行于支管中心线的斜直线，同时在侧面图上通过各等分点向下作垂线，这组垂线与主管圆周相交，得交点1°、2°、3°、4°、3°、2°、1°。

（2）过点1°、2°、3°、4°、3°、2°、1°向左分别引水平线，使之与立面图上支管斜平行线相交，得交点1′、2′、3′、4′、5′、6′、7′。将这些点用光滑曲线连接起来，即为异径三通的接合线。

求出异径斜三通的接合线后，就得到完整的异径斜三通的正立面图，再按照等径斜三通展开图的画法，画出主管和支管的展开图，即如图 2-3-19 所示的支管样板和主管开孔样板。

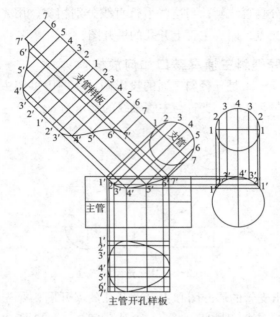

图 2-3-22   异径斜三通的展开图

23. 支管牛腿如何放样?

支管牛腿展开放样如图 2-3-23 所示。

(1)支管与弯头接触面为弧面，从侧面看接触点为一条弧形的相贯线，绘制出这条相贯线，支管便可放样展开了。

(2)将支管投影绘制出，支管周长等分为 12 份，依次编写阿拉伯数字 1～12。

(3)支管与弯头接触面为弧面，其俯视投影图相当于支管于弯头圆相切，将等分后的支管投影与弯头圆做相贯线切点(图 2-3-23 框 A)。以 O 为圆心，切点为半径，绘制圆弧。

(4)圆弧与支管等分线相交的点 1′～7′(图 2-3-23 框 B 所

示），圆滑连接各交点可得到支管与弯头连接的相贯线。

（5）将相贯线上 1′~7′点与支管周长展开图引线相交，可得到支管牛腿展开放样图（图 2-3-23 区域 C）。

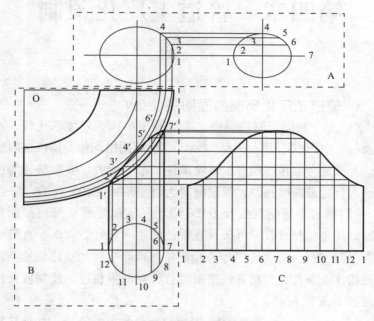

图 2-3-23 支管牛腿展开图

第四章 管道工厂化预制

1. 管道工厂化预制的原则是什么？

（1）充分利用预制厂设备、工装及集中作业环境的优势，本着预制"工厂化"、预制成品"产品化"的原则组织作业岗组进行预制。并充分考虑预制能力、运输条件、吊装能力、安装条件等因素，进行管道深度预制，预制深度达到并控制在 60% 左右。

（2）所有不锈钢管线及 DN50 以上的碳钢管线全部在预制厂预制。优先预制直管 – 弯头 – 直管、法兰 – 直管 – 弯头、直管 – 三通（异径管）– 直管。考虑到预制厂与现场之间的道路运输条件及现场作业条件，管廊管线预制时直管宜两根相连，预制段长度控制在 14m 左右。

（3）对于直径小于 DN50、但焊口相对集中的管段，如伴热集管、伴热煨弯、取样器配管、阀组、软管站、小型设备及炉子附属成批小管线等进行预制。

（4）管道支架进行预制，包括管托、承重及导向组合支架、管式支架等。

（5）在进行管段单线图绘制时，大口径管道、重要部位管道以及高压厚壁管道应在图中标识出需要进行现场实际测量的管段，预制时由施工人员对现场情况进行核对，封闭管段尺寸应进行实际测量，以保证管段预制尺寸与现场情况相符。

2. 管道预制工作流程、管段预制工序都有哪些?

（1）管道预制工作流程，如图2-4-1所示。

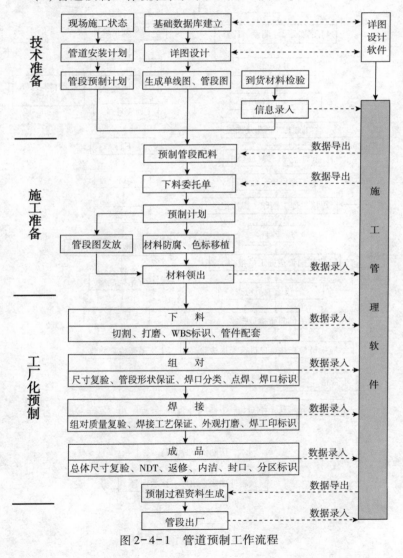

图2-4-1 管道预制工作流程

（2）管段预制工序如图 2-4-2 所示。

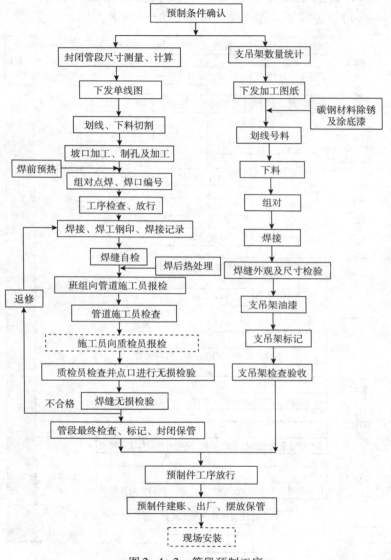

图 2-4-2　管段预制工序

3. 管道预制前需要做好哪些准备工作？

管道预制需要做好机械设备准备与技术准备。

（1）预制机械设备准备

预制施工尽量采用机械化加工、焊接设备，以提高工效。焊接设备可采用管道自动焊机，合理安排组焊顺序。目前国内的多功能管道自动焊机特别适用于管线与管线、管子与管件、管件与管件的自动焊接（包括法兰、弯头、三通、大小头等）的自动焊，自动焊机有气保、埋弧和脉冲3种，适用于碳钢、合金钢、不锈钢等各类材质的焊接。

（2）预制技术准备

①管道预制加工应按现场审查确认的设计单线图或依据管道平、剖面绘制的单线图进行，合理布置现场焊口及调节裕量。

②管道预制前，应核对钢管及配件与图纸料表的一致性，包括壁厚等级、材质规格等内容。杜绝用错材料，避免返工现象的发生。把好管道施工的第一关。

③预制过程中的每一道工序，均应核对管子的标识，并做好标识的移植。不锈钢管道、低温钢钢管，不得使用钢印作标识。

4. 管段、焊口标识有哪些要求？

管段、焊口标识是为使焊口具有可追溯性检查而制定的。

（1）管段及焊口的编号和标识工作贯穿管段预制全过程。在单线图上标明焊口检验状态，在实物上用油性记号笔做标识。

（2）管段标识在下料后即进行。

（3）管段及焊口的标识方法如下：

管道标识的位置：平行管线轴线方向，不热处理管线标识最近端距离焊道100mm，热处理管线标识最近端距离焊道200mm；管径 $DN \geqslant 300$ 的焊缝标识，对称两侧标注。

标识的颜色区分：管道标识使用记号笔标记。管工、焊工可使用白色或黑色，质检员使用黄色以进行区别。

（4）管道标识的责任：

焊工代号、焊接时间由焊工填写，其余标识均由管工填写。管工和焊工自检合格，由施工员报检，经质检员外观检查合格后在焊口处进行标识，质检员确定需检测的焊口，并在焊口边上缠彩色塑料带作为现场标识。

5. 下料切割及坡口加工有什么要求？

（1）切割及坡口加工方法：

①镀锌钢管和公称直径小于等于 $DN50$ 的碳素钢、低合金钢管，采用机械切割；

②碳钢可采用机械加工或火焰切割加工；

③含镍低温钢和铬钼合金钢宜采用机械加工；

④不锈钢管、有色金属管应采用机械或等离子切割加工，当不锈钢管用砂轮机切割时，必须使用专用砂轮片；

⑤对支架材料，钢板使用剪板机或火焰切割加工，手工砂轮机修整，线型钢材截面小于 60mm 的应使用机械切割，其他使用火焰切割。

（2）对于重要部位配管、大口径（$DN400$ 以上）及 $DN80$ 以上高压厚壁管线预制前核对管段划分、现场安装预留口是否合理，并对管段预制尺寸进行现场复测。测量后确定预制下料的实际尺寸。

（3）对于材料余量小的贵重金属材料及高压厚壁管线应使用计算机排料软件进行排版下料，避免材料的浪费。

（4）切口质量符合下列规定：

①切口表面应垂直平整，无裂纹、毛刺、凹凸、缩口、熔渣、氧化物、铁屑等；

②钢管切割后，用直角尺检查切口平面，切口端面倾斜偏差

不应大于管子外径的 1%，且不超过 3mm。

（5）管段下料时应考虑焊缝的设置，便于焊接、热处理及检验，并应符合下列要求：

① 除采用定型弯头外，管道焊缝的中心与弯管起弯点的距离不应小于管子外径，且不小于 100mm；

② 管道焊缝不宜在管托的范围内，若焊缝被管托覆盖，则被覆盖的焊缝部位应进行 100% 射线检测。需要热处理的焊缝，外侧距支、吊架边缘的净距离宜大于焊缝宽度的 5 倍，且不小于 100mm；

③ 除定型管件外，直管段上两条对接焊缝间的距离，不应小于 3 倍焊件的厚度，需焊后热处理时，不应小于 6 倍焊件的厚度，且应符合下列要求：

管道公称直径小于 150mm 时，焊缝间的距离不小于外径，且不小于 50mm；

管道公称直径大于或等于 150mm 时，焊缝间的距离不小于 150mm。

（6）坡口加工型式

坡口加工型式应符合设计规定或焊接工艺评定要求。

（7）坡口检查

①坡口加工完后应对其尺寸、型式、角度用焊缝角度尺进行检查，合格后方可组对；

②铬钼合金钢、材料标准抗拉强度下限值等于或大于 540MPa 钢材的管道采用火焰切割的坡口 100% 渗透检测；设计温度低于 -29℃ 的非奥氏体不锈钢管道坡口抽查 5% 进行渗透检测。

6. 预制管段开孔有哪些要求?

（1）仪表取源部位及管道支管开孔应在预制阶段完成，管道下料前应标出开孔部位，开孔部位不能处在焊缝位置。

（2）在焊接接头及其边缘上不宜开孔。若开孔时，应对开孔中心 1.5 倍开孔直径范围内的焊接接头进行 100% 射线检测，其合格标准符合相应的管道级别要求。

（3）SHA1/SHA2/SHB1/SHB2/SHC1 级管道、高压管道、不锈钢管及有淬硬倾向的管道开孔采用机械开孔。对于管径 ≤ 50mm 的管道采用钻床，对于管径 > 50mm 的管道采用摇臂钻。

7. 管道弯管加工有哪些要求？

（1）弯管加工可采用冷弯和热弯两种工艺进行。

（2）钢管冷弯宜采用机械法。当管子公称直径 ≥ DN25 时，采用电动或液压弯管机、顶管机进行弯制；当管子公称直径 < DN25 时，可采用手动弯管器弯制。

（3）钢管热弯可采用中频加热法弯制，奥氏体不锈钢也可采用电炉加热弯制。

（4）弯管制作后，表面不得有裂纹、过烧、分层、严重褶皱等缺陷。弯曲部位的最小壁厚不得小于管子公称壁厚的 90%，弯管处的最大外径与最小外径之差，应符合下列规定：

①SHA1 和 SHB1 级管道应小于弯制前管子外径的 5%；

②其他等级管道应小于弯制前管子外径的 8%；

③受外压的弯管应小于弯制前管子外径的 3%。

（5）弯管制作后，直管段中心线偏差不得大于 1.5mm/m，且不得大于 5mm。

（6）符合下列条件的弯管弯制后，应逐件进行磁粉检测或渗透检测其合格标准不应低于《承压设备无损检测第 4 部分磁粉检测》（NB/T 47013.4）和《承压设备无损检测第 5 部分渗透检测》（NB/T 47013.5）规定的 I 级，并填写弯管加工记录。若有线性缺陷应予以修磨，修磨后的壁厚不得小于管子名义壁厚的 90%；

①设计压力等于或大于 10MPa；

②输送极度危害介质(苯除外);

③输送高度危害的光气、丙烯腈等介质。

(7)经热处理的弯管应在变形量较大的部位进行硬度检验并符合要求。

注:根据近年来装置施工情况,弯管大部分为成品件。对于成品供货的弯管,重点做好到货检验,通过目视外观检查,测量检查、查看材料质量证明文件、热处理文件中的参数是否符合现行规范的规定。

8. 管道组对有哪些要求?

(1)管道组成件对接焊缝组对时,内壁要平齐,内壁错边量和对口间隙满足焊接工艺要求;不等厚的管道组成件对接坡口按焊接工艺要求修整。

(2)管道组成件对接环焊缝组对时,应使内壁平齐,其错边量不应超过壁厚的10%,且应符合下列规定:

①质量检查等级为1级管道不大于1mm,其他级别管道不大于2mm;

②壁厚不同的管道组对时,当管道壁厚的内壁差大于①规定时,外壁差大于2.0mm时,应按规范要求加工。

(3)焊接接头组对前,应用手工或机械方法清理其内外表面,在坡口两侧20mm范围内不得有油漆、毛刺、锈斑、氧化皮及其他对焊接过程有害的物质。

(4)自由管段和封闭管段的加工尺寸其允许偏差符合GB 50517的规定。

9. 管道焊缝质量检查有哪些要求?

(1)焊缝结束后,先进行外观检查,外观检查合格后再进行委托进行无损检测。

（2）铬钼合金钢管道焊缝按 SH 3501 规定：对合金元素含量进行验证性抽样检查，每条管道（按管道编号）的焊缝抽查数量不少于2条。

（3）焊缝无损检测比例原则上按《石油化工金属管道工程施工质量验收规范》（SH 50517）附录 B 中的管道分级编码确定，设计和业主另有要求的除外。

（4）焊接接头无损检测的比例和验收标准应按检查等级确定，并不应低于表2−7−2《金管道焊接无损检测数量及验收标准》的规定。

（5）管道焊接接头按比例抽样检查时，检验批应按下列规定执行：

①每批执行周期宜控制在2周内；

②应以同一检测比例完成的焊接接头为计算基数确定该批的检测数量；

③焊接接头固定口检测不应少于检测数量的40%；

④焊接接头抽样检查应符合下列要求：

a. 应覆盖施焊的每名焊工；

b. 按比例均衡各管道编号分配检测数量；

c. 交叉焊缝部位应包括检查长度不小于38mm 的相邻焊缝。

（6）抽样检测出现不合格焊接接头时，应按下列要求进行累进检测：

①在一个检验批中检测出不合格焊接接头，应在该批中对该焊工焊接的不合格接头数加倍进行检测，加倍检测接头及返修接头评定合格，则应对该批焊接接头予以验收；

②若加倍检测的焊接接头中又检测出不合格焊接接头，应对该焊工焊接的该批焊接接头全部检测，并对不合格的焊接接头返修，评定合格后可对该批焊接接头予以验收。

（7）局部检测的焊接接头发现不合格缺陷时，应在该缺陷延伸部位增加检查长度，增加的长度为该焊接接头长度的10％，且不小于250mm。若仍有不合格的缺陷，则对该焊接接头做全部（100％）检测。

（8）管道的名义厚度≤30mm的对接环焊缝，应采用射线检测，当由于条件限制需改用超声检测时，应征得设计和建设/监理单位的同意；名义厚度大于30mm的对接环焊缝可采用超声检测。

10. 焊缝无损检验有哪些要求？

（1）管道焊缝在经过质量检查人员检查合格后，按照施工规范和技术文件的要求，按比例点口，下发焊缝无损检验通知单，通知探伤人员进行焊缝的无损检验。

（2）无损检验人员必须将探伤结果在第二天返回质检员手中，质检员登记检查结果并在当天将焊逢的无损检验结果反馈给焊工。

（3）质检员必须建立焊缝返修台账，并跟踪返修情况，按规范要求及时进行复检消项。

11. 阀组的预制有哪些要求？

（1）为减少现场安装工作量，DN50以下的管线阀组在组成件预制完毕后可直接在预制厂进行组装。

（2）预制时按照调节阀阀体长度，制作短节，其他焊口全部焊接完。阀组整体组装后留两道焊口在现场进行固定焊。

12. 预制件的验收、保管有哪些要求？

（1）当某一管段或支吊架预制工作结束后（包括所有的检验工作），质检员要对预制件进行总体检查，重点检查法兰与管子的垂直度、几何尺寸、管道内部的清洁情况、管端坡口加工情况、预制件的标识准确性等。

（2）经检查合格的预制管端部采用塑料管帽或木板封堵。

第五章 管道安装

1. 管道的安装顺序有哪些?

(1)工艺管道安装顺序:

①管道预制工序,如图2-5-1所示。

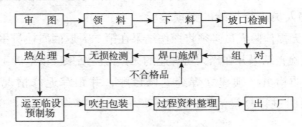

图2-5-1 管道预制工序

②管道现场安装施工工序,如图2-5-2所示。

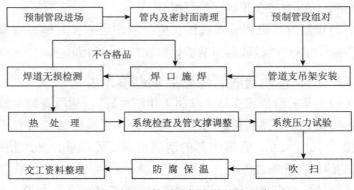

图2-5-2 管道现场安装施工工序

（2）给排水管道安装顺序如图 2-5-3 所示。

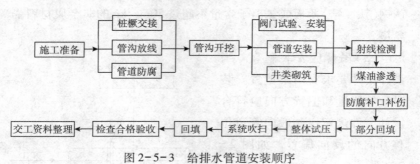

图 2-5-3　给排水管道安装顺序

（3）长输管道安装顺序，如图 2-5-4 所示。

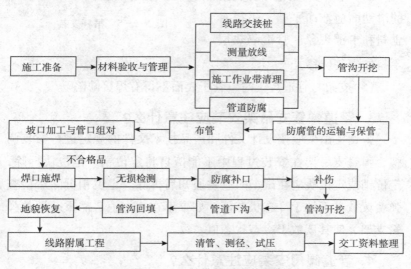

图 2-5-4　长输管道安装顺序

2. 管道支吊架安装应注意什么？

（1）管道安装时，应及时进行支吊架的固定和调整。支吊架安装应牢固，管子和支撑面应接触良好。固定支架的安装位置应做好记录。

(2)不锈钢(钛、锆)管道与支吊架上碳钢材料之间应垫入不锈钢(钛、锆)薄板或氯离子含量不超过50mg/kg的非金属材料隔离垫。

(3)吊杆应安装垂直。当设计文件要求支吊架偏置安装时,偏置量和偏置方向应符合设计文件规定,一般向管道位移方向的反向偏置,如图2-5-5所示。

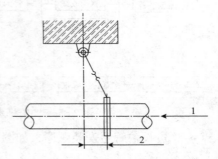

图2-5-5 吊杆安装

(4)导向支架或滑动支架的滑动面应洁净平整,不得有歪斜和卡涩现象。管道隔热层不得妨碍其位移。

(5)支架与管道焊接时,管子表面不得有焊接缺陷。

3. 管道弹簧支吊架安装应注意什么?

弹簧支吊架应按设计文件和产品技术文件的规定进行安装调整。弹簧支吊架在安装过程中不能擅自将定位销、定位块拆除,定位销或定位块应在试车前业主通知后拆除。定位销拆除后检查弹簧读数是否处于冷态状态值,如果不在冷态值,需重新调整弹簧支架,使其读数于冷态状态值一致。

4. 管道阀门安装应注意什么?

阀门安装前,应按设计文件核对其型号,并应按介质流向确定其安装方向。对安装有特殊要求的阀门应按设计文件要求或产品技术文件安装。特别注意冷阀、单向阀、机泵回流跨线阀的安装方向要与轴测图介质流向一致。焊接阀门在焊接时,阀门应处于开启状态(除设计特殊要求外)。

5. 管道金属波纹管膨胀节安装应注意什么?

金属波纹管膨胀节安装时内导流筒焊接固定端,在水平管道上应位于介质流入侧,在垂直管道上应置于上部或按设计文件规定。金属波纹管膨胀节应与管道保持同轴,不得偏斜。不得利用金属波纹管膨胀节的变形来调整或弥补管道的安装偏差。

在安装过程中不得拆除或松开金属波纹管膨胀节的装运件。但在管道系统运行前,应按产品技术文件的要求拆除或松开金属波纹管膨胀节的装运件。如图2-5-6所示。

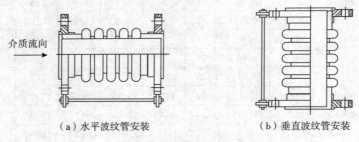

介质流向

（a）水平波纹管安装　　　　（b）垂直波纹管安装

图2-5-6　金属波纹管安装

6. 不同管道节流装置安装应注意什么?

管道节流装置安装对于孔板、喷嘴、文丘里喷嘴和文丘里管等测流体流量的差压装置,上、下游直管段的长度应符合设计文件要求,且在此范围内的焊缝内表面应与管道内表面平齐。应符合表2-5-1的要求。

孔板流量计安装时应特别注意孔板流量计仪表接口的开孔形式。若管线流体介质为液态时,一般仪表开口方向是向下斜45°;若管线流体介质为气态时,一般仪表开口方向是向上斜45°。

表2-5-1　孔板、喷嘴和文丘里喷嘴所要求最短直管段长度

阻力件最小直管段直径比 $\beta=(d/D)$	节流件上源侧组流件形式和最短直管段长度							下源测(包括表中所用的所有组流件)
	一个90°弯头或三通(流体仅从一个直管流出)	在同一平面上的两个或多个90°弯头	在不同平面上的两个或多个90°弯头	渐缩管[在(1.5D~3D)长度内,由2D变为D]	渐扩管[在(1D~2D)长度内,由0.5D变为D]	球形阀全开	全孔球形阀或闸阀全开	
≤0.20	10(6)	14(7)	34(17)	5	16(8)	18(9)	12(6)	4(2)
≤0.25	10(6)	14(7)	34(17)	5	16(8)	18(9)	12(6)	4(2)
≤0.30	10(6)	16(8)	34(17)	5	16(8)	18(9)	12(6)	5(2.5)
≤0.35	12(6)	16(8)	36(18)	5	16(8)	18(9)	12(6)	5(2.5)
≤0.40	14(7)	18(9)	26(18)	5	16(8)	20(10)	12(6)	6(3)
≤0.45	14(7)	18(9)	38(19)	5	17(9)	20(10)	12(6)	6(3)
≤0.50	14(7)	20(10)	40(20)	6(5)	18(9)	22(11)	12(6)	6(3)
≤0.55	16(8)	22(11)	44(22)	8(5)	20(10)	24(12)	14(7)	6(3)
≤0.60	18(9)	26(13)	48(24)	9(5)	22(11)	26(13)	14(7)	7(3.5)
≤0.65	22(11)	32(16)	54(27)	11(6)	25(13)	28(14)	16(8)	7(3.5)
≤0.70	28(14)	36(18)	68(34)	14(7)	30(15)	32(16)	20(10)	7(3.5)
≤0.75	36(18)	42(21)	70(35)	22(11)	38(19)	36(18)	24(12)	8(4)
≤0.80	46(23)	50(25)	80(40)	30(15)	54(27)	44(22)	30(15)	8(4)

对所有的直径比 β	组流件	上源侧最短直管段
	直径大于或等于0.5D的对称骤缩	30(18)
	直径小于或等于0.03D的温度计套管和插孔	5(3)
	直径在0.03D和0.13D之间的温度计套管和插孔	20(10)

注：1. 表列数值位于节流件上游或下游的各种组流件和节流件之间所需的最短直管段长度；
 2. 不带括号的值为"零附加不确定度"的值；
 3. 采用括号内的值为"0.5%附加不确定度"的值；
 4. 直管段长度均以工艺管道直径 D 的倍数表示，它应从节流件上游断面量起。

7. 法兰安装应注意什么？

法兰连接装配时，应检查法兰密封面及垫片，不得有影响密封性能的划痕、锈斑等缺陷存在。法兰密封面的平整度的要求应当符合表 2 − 5 − 2 的要求。

表 2 − 5 − 2　法兰密封面间的平行度　　　　mm

管道等级	平行度	
	$DN \leq 300$	$DN > 300$
SHA1、SHA2、SHB1、SHB2	≤0.4	≤0.7
SHA3、SHA4、SHB3、SHB4	≤0.6	≤1.0

8. 垫片的密封原理是什么？

垫片的密封原理是依靠外力压紧使垫片材料产生弹性或塑性变形，从而填满密封面上微小的凹凸不平，切断泄漏通道，实现密封的目的。

垫片所能承受的外力是有限度的。如果压紧力不足，则无法实现填满密封面上微小的凹凸不平及切断泄漏通道的目的；而压紧力太大往往又会使垫片产生过大的压缩变形甚至破坏。

9. 与动设备连接的管道无应力配管的要求有哪些？

(1)管道与设备的连接应在设备安装定位并紧固地脚螺栓后进行。安装前应将其内部清理干净。

(2)与动设备连接前，应在自由状态下检验法兰的平行度和同心度(表 2 − 5 − 3)。

(3)管道系统与动设备最终连接时，应在联轴器上架设百分表监视动设备的位移。当动设备额定转速大于 6000r/min 时，其位移值应小于 0.02mm；当额定转速小于或等于 6000r/min 时，其位移值应小于 0.05mm。

表 2 – 5 – 3　　与动设备连接的法兰平行度及同心度要求

机器转速/(r/min)	平行度/mm	同心度/mm
<3000	≤0.40	≤0.80
3000 ~ 6000	≤0.15	≤0.50
>6000	≤0.10	≤0.20

（4）某大型压缩机无应力配管

无应力配管指的是成品管段与设备在连接时应处于自然状态，通俗地说就是管件与设备连接处的法兰在没有螺栓的情况下能够保持自然地平面接触，只有这样的状态才能在最大程度上保护设备。

对空气压缩机机组，其进出口主管线的配管安装质量与机组主体安装的质量精度有着密切的关系，对于主管线的安装要特别重视，稍有差池，将会使已安装找正的压缩机、汽轮机、膨胀机产生位移和变形，从而破坏其水平度及同心度。为了确保压缩机的安装精度，主进出口管线的安装都必须严格执行施工规程和质量要求，每条管线的配管，在组对焊接过程中都不允许有任何外力作用在机组主体上，必须使压缩机始终保持在自由状态。空压缩机组管线口径大，从 $DN700 \sim DN2800$，安装技术复杂，最后一道组对口要求一次焊接合格，防止因返修而产生焊接变形。现场采用多点吊装，防止管口变形，必要时加支撑筋保护。

大型空压机组无应力配管主要从以下几个方面入手（以 PTA 空压机三级入口管线图 2 – 5 – 7 为例）：

①编制无应力配管工艺流程

②选择合理的安装预留口

选择合理的预留焊口需将管线分解未若干段，逐段分析确定最后一道焊口。三级入口管线分解为 A、B、C、D 段。

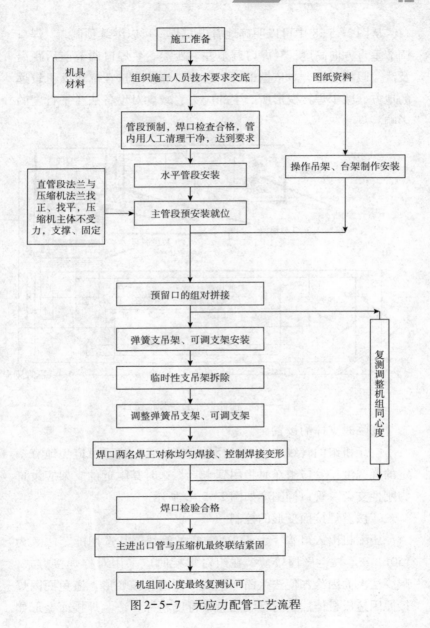

图 2-5-7 无应力配管工艺流程

从图2-5-8中可以明确地看出1#焊口可以继续预制，2#焊口调节垂直方向高度，3#焊口调节左右距离，4#焊口调节前后距离及法兰眼相互配合。依据最后一道焊口焊接应选在离压缩机较远的地方，减少焊接变形所产生的应力，减少对设备法兰平行度的影响。

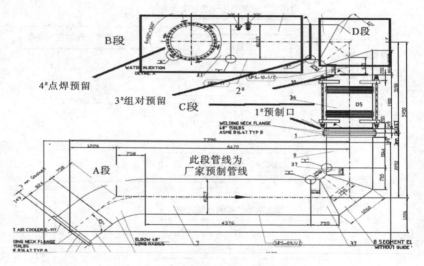

图2-5-8　选择合理的安装预留口

③临时支撑的设置

空压机组的管线均为大口径卷制管，管口将不可避免地有一定的椭圆度，管口组对时将用到卡具，这时其附近的支架应设置为刚性支架。管口椭圆度如图2-5-9所示。

④法兰焊接面变形的控制

压缩机出入口管径大于$DN1600$的管线，其选用配套法兰为150LB级，法兰壁厚较薄，在组对焊接时应采用对称焊接方式，减少法兰面因冷却使法兰面产生向外侧的收缩变形。避免面因焊接原因造成机体法兰与管线法兰平行度超标。法兰焊接面变形如

图 2-5-10 所示。

图 2-5-9　管口椭圆度

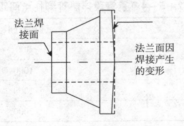

图 2-5-10　法兰焊接面变形

⑤管线应力的调整

管线组对完成后，常受管线自身重力的影响，造成管线法兰与压缩机法兰的平行度发生偏差。施工中常采用调整弹簧支架的方式消除影响，使法兰平行度符合厂家要求。

10. 安全阀及爆破片安装应注意什么?

安全阀应垂直安装，安全阀入口加设的盲板或安全阀上的压紧装置在系统运行前的所有工序完成后方可拆除。安全阀鉴定合格后在运输和存放过程中需垂直摆放。

爆破片应安装在相应的夹持器内，并在系统运行前的所有工序完成后安装。安装方向应与设计文件及铭牌标识相同。

11. 伴热管安装有哪些要求?

(1)当主管为不锈钢、伴热管为碳钢管时，应在伴热管与主管之间加装隔离垫。隔离垫的氯离子含量不得超过 50×10^{-6} (50ppm)，隔离垫的厚度为 1mm，宽度为 50mm。绑扎应采用不锈钢丝。

(2)伴热管应与主管平行，位置、间距应正确，并能自行排液。不得将伴热管直接点焊在主管上。弯头部位的伴热管绑扎带不得少于 3 道，直管段伴热管绑扎点间距应符合表 2-5-4 的规定。

表 2-5-4　直管段伴热管绑扎点间距　　　mm

伴热管公称尺寸	绑扎点间距
DN10	800
DN15	1000
DN20	1500
> DN20	2000

(3)除能自然补偿外，伴管直管段应每隔 20 ~ 30m 设一个补偿器，补偿器可采用 U 形、Ω 形或螺旋缠绕形。

(4)被伴管为水平敷设时，伴管应安装在被伴管下方一侧或两侧，垂直敷设时，伴管等于或多于 2 根时宜围绕被伴热管均匀敷设。

(5)伴热管经过阀门或管件时，伴热管应沿其外形敷设，且宜避免或减少 U 形弯。

(6)当主管伴热支管不伴热时，支管上的第一个切断阀应伴热。

（7）被伴热管道上的取样阀、排液阀、放空阀、扫线阀或仪表源件等应伴热。

（8）伴热连接一般采用焊接，在经过被伴管的阀门、法兰等处可采用法兰或活接头连接。$\phi10$、$\phi12$ 紫铜管或不锈钢伴热宜采用卡套式接头连接。

12. 非金属管道安装有哪些要求?

（1）管子切割时，宜采用专用切割工具，不得采用火焰切割，硬质塑料管不宜采用手持式电动工具切割。

（2）钢骨架聚乙烯复合管加工后的管段宜进行封口处理，封口处焊缝应平整均匀，外露钢骨架应完全覆盖。

（3）切割后的玻璃钢管及玻璃钢塑料复合管应当天施工，否则切口应涂树脂保护，树脂应涂刷均匀。

（4）管段切割下料完成后，应按管段单线图进行分段预组装，预组装易在预制场进行，预组装确认无误后，按管道单线图完成预制接口的连接。

（5）预制的管段应有足够的刚度和强度，必要时应采取加固措施。

（6）管道支架的螺柱孔应采用机械加工，支架滑动工作面应平整光洁，制作完成后应采取保护措施。

（7）热熔连接、电熔连接的专用连接设备应与材料的规格、性能相匹配，连接前应对连接面进行清理，不得有油污、碎屑、泥土等污物。

（8）电熔连接正常工作的环境温度为 $-10\sim40℃$，在严寒气候和大风环境下进行连接作业时应采取保护措施；接头部位应保持干燥，不得在潮湿环境和雨雪天气下进行连接作业；对椭圆度超标的管子及管件端面应进行校正处理；连接前应除去端口部位的表面氧化层，深度不得超过 0.2mm；连接完成后应自然冷却至常温，在这期间不得移动连接件或对连接件施加外压。

（9）热熔连接可用于塑料管及钢骨架聚乙烯复合管管道的连接，其正常工作的环境温度为 −10~40℃，超出此范围不得进行热熔连接工作；连接前后应保持加热板、加热模头表面洁净无污物；连接时应对插管外表面和承口内表面同时进行加热；连接完成后应保持压力至接头完全冷却，在这期间不得移动连接件或对连接件施加外压。

（10）缠绕连接可用于玻璃钢管及塑料复合管管道的连接，其正常工作的环境温度不应低于 5℃；接头部位应保持干燥，不得在潮湿环境和雨雪天气下进行连接作业；玻璃钢复合管道的塑料层宜采用热风焊，连接完成后在接头部位树脂完全固化前不得移动连接件或对连接件施加外压。

（11）溶剂连接可用于玻璃钢管及塑料管管道的连接，其正常工作的环境温度不应低于 5℃，现场不得使用明火且通风良好；涂刷粘接溶剂时，应先涂承口内侧，再涂插管外侧，插接完成后应及时将挤出的粘接溶剂清理干净。

（12）密封胶圈连接安装时，应将密封胶圈安装在承口凹槽内，不得扭曲，异型胶圈不得装反，采用的润滑剂不得涂刷在承口内的表面上，应涂刷在插口外表面和胶圈内表面上。

（13）管道吊装应采用吊装带；堆放场地应干净平整，并采取防止暴晒、雨淋的措施，远离热源；管道施工周围不得有动火作业，否则应采取防护措施。

13. 衬里管道安装有哪些要求？

（1）衬里管子、管件的衬里层应光滑、质地均匀，不得有裂纹、气泡分层及影响产品性能的其他缺陷。

（2）衬里阀门阀体内表面应平整光滑，衬里层应与基体结合牢固，应无裂纹、鼓泡等缺陷。衬里阀门质量证明文件应有衬里层检测的结果。

（3）搬运和堆放衬里管段及管件时，应避免强烈震动或碰撞。

（4）衬里管道安装前，应检查衬里层的完好情况并保持管内清洁。

（5）橡胶、塑料、玻璃钢、涂料等衬里的管道组成件，应存放在温度为 4~50℃ 的室内，并应避免阳光和热源的辐射。

（6）衬里管道的安装应采用软质或半硬质垫片，当需要调整安装长度误差时，宜采用更换同材质垫片厚度的方法。

（7）衬里管道安装时，不得施焊、加热、碰撞或敲打。

（8）液压试验会损害衬里，对 GC3 级管道，经业主或设计者同意，可结合试车，用管道输送的流体进行压力试验。

第六章　管道试验
（吹扫、清洗）

1. 管道压力试验有哪几种方法？

管道压力试验按试压介质分为水压试验及气压试验，按压力性质分压力试验与无压力管道的闭水试验。

2. 管道试压应具备的通用条件是什么？

（1）试验范围内的管道安装工程除涂漆、绝热外，已按设计图纸全部完成，安装质量符合有关规定。

（2）焊缝及其他待检部位尚未涂漆和绝热。

（3）管道上的膨胀节已设置临时约束装置。

（4）试验用压力表已经校验，并在有效期内，其精度不得低于1.6级，表的满刻度值应为被测最大压力的1.5～2倍；一个试压系统内压力表不得少于两块，高低点各设置一块。

（5）符合压力试验要求的液体或气体已经备足。

（6）管道已经按试验的要求进行加固。

（7）下列资料已经建设单位和有关部门复查：

①管道元件的质量证明文件；

②管道元件的检验或试验记录；

③管道加工和安装记录；

④焊接检查记录、检验报告及热处理记录；

⑤管道轴测图、设计变更及材料代用文件。

(8)待试管道与无关系统已用盲板或采取其他措施隔离。

(9)待试管道上的安全阀、爆破片及仪表元件等已经拆下或加以隔离。

(10)试验方案已通过批准,并已进行技术和安全交底。

3. 管道水压试验应具备的条件是什么?

(1)液压试验应使用洁净水。当对不锈钢、镍及镍合金管道,或对连有不锈钢、镍及镍合金管道或设备的管道进行试验时,水中氯离子含量不得超过 $25 \times 10^{-6}(25\text{ppm})$。也可采用其他无毒液体进行液压试验,并应采取安全防护措施。

(2)升压前应排尽管内的空气。

(3)试验时,环境温度不宜低于5℃。当环境温度低于5℃时,应采取防冻措施。

(4)承受内压的地上钢管道及有色金属管道试验压力应为设计压力的1.5倍。埋地钢管道的试验压力应为设计压力的1.5倍,并不得低于0.4MPa。

(5)当管道的设计温度高于试验温度时,试验压力应符合下列规定:

①试验压力应按下式计算:

$$P_T = 1.5P[\sigma]_T / [\sigma]^t$$

式中　P_T——试验压力(表压),MPa;

　　　P——设计压力(表压),MPa;

　　$[\sigma]_T$——试验温度下,管材的许用应力,MPa;

　　$[\sigma]^t$——设计温度下,管材的许用应力,MPa。

②当设计温度下管材的许用应力与设计温度下管材的许用应力的比值大于6.5时,应取6.5;

③应校核管道在试验压力条件下的应力。当试验压力在试验

温度下产生超过屈服强度的应力时，应将试验压力降至不超过屈服强度时的最大压力。

(6)当管道与设备作为一个系统进行试验，管道的试验压力等于或小于设备的试验压力时，应按管道的试验压力进行试验；当管道试验压力大于设备的试验压力，且无法将管道与设备隔开，以及设备的试验压力大于上述公式计算的管道试验压力的77%时，经设计或建设单位同意，可按设备的试验压力进行试验。

(7)承受内压的埋地铸铁管道的试验压力，当设计压力小于或等于0.5MPa时，应为设计压力的2倍；当设计压力大于0.5MPa，应为设计压力加0.5MPa。

(8)对位差较大的管道，应将试验介质的静压计入试验压力中。液体管道的试验压力应以最高点的压力为准，最低点的压力不得超过管道组成件的承受力。

(9)对承受外压的管道，试验压力应为设计内、外压力之差的1.5倍，并不得低于0.2MPa。

(10)夹套管内管的试验压力应按内部或外部设计压力的最高值确定，外管试压时应将内管充满液体。

(11)液压试验应缓慢升压，待达到试验压力后，稳压10min，再将试验压力降至设计压力，稳压30min，应检查压力表有无压降、管道所有部位有无渗漏。

(12)水压试验完成后应先打开高点排气阀，待压力降至零后再打开低点排水阀，避免排水时管内产生负压。

4. 管道气压试验应具备的条件是什么？

(1)承受内压钢管及有色金属管的试验压力应为设计压力的1.15倍。真空管道的试验压力应为0.2MPa。

(2)试验介质应采用干燥洁净的空气、氮气或其他不易燃和无毒的气体。

(3)试验时应装有压力泄放装置,其设定压力不得高于试验压力加上 0.345MPa 和 1.1 倍试验压力两者中的较小者。

(4)试验压力大于等于 1.6MPa 时,施工单位应编制专项施工方案,并经设计单位等确认。

(5)试验前,应用空气进行预试验,试验压力宜为 0.2MPa。

(6)试验时,应缓慢升压,当压力升至试验压力的 50% 时,如未发现异状或泄漏,应继续按试验压力的 10% 逐级进行升压,每级稳压 3min,直至试验压力;在试验压力下稳压 10min,再将压力降至设计压力,采用发泡剂检查有无泄漏,停压时间应根据查漏工作需要确定。

(7)试验合格后,应缓慢泄压,泄压口严禁对人排放。

5. 管道泄漏性试验应具备的条件是什么?

(1)输送极度高度危害介质以及可燃介质的管道,必须进行泄漏性试验。

(2)泄漏性试验应在压力试验合格后进行。试验介质宜采用空气。

(3)泄漏性试验压力应为设计压力。

(4)泄漏性试验可结合试车工作一并进行。

(5)泄漏性试验应逐级缓慢升压,当达到试验压力并停压 10min 后,应采用涂刷中性发泡剂等方法,巡回检查阀门填料函、法兰或螺纹连接处、放空阀、排气阀、排净阀等所有密封垫有无泄漏。

(6)经气压试验合格,且在试验后未经拆卸过的管道可不进行泄漏性试验。

(7)泄漏性试验合格后,应及时缓慢泄压,泄压口严禁对人排放。

6. 管道闭水试验应具备的条件是什么？

(1)管道试验之前，管道及井室的质量验收已合格。

(2)全部井预留孔应封堵，不得渗水。

(3)按雨水井及污水井的分布，试验管段按井距分隔，抽样选取，带井试验，每试验一段，将井内的下一端管口封堵，不得渗水。

(4)管道闭水试验时，应进行外观检查，管壁不得有线流、滴漏现象。当出现渗漏时，应当停止试验，直管段上的漏点用焊枪补漏，接头处泄漏则重新安装，井的漏点，应当及时修补。

(5)管道闭水试验时检查管段灌满水浸泡时间48h。试验时，在不断补水保持水头恒定的条件下，观测时间不少于30min，然后实测渗漏量，玻璃钢管、碳钢管闭水试验实测渗水量和允许渗水量分别按下式计算。

$$q_s = W_0 / T_0 \times L_0$$
$$Q = 0.0046 \cdot D_i$$

式中　q_s——实测渗水量，L/(min·m)；

　　　W_0——补水量，L；

　　　L_0——试验管道长度，m；

　　　T_0——实测渗水量的观测时间，min；

　　　Q——允许渗水量，m³/(d·km)，d以24h计；

　　　D_i——管道内径，mm。

(6)闭水试验的管道在做完试验后水可以直接由潜水泵从最低处井室内抽出至沟槽外蓄水池内。其余管道试压完后在排水口处挖一集水坑再用潜水泵排至沟槽外。当同沟铺设几条管线时，可循环利用水源以节约用水。

7. 常用钢管及钢板的许用应力有哪些？

常用钢管及钢板的许用应力如表2-6-1所示。

表 2 - 6 - 1 常用钢管及钢板的许用应力

| 钢号 | | 机械性能 | | 下列温度下的许用应力/(N/mm²) | | | | | |
		抗拉强度 σ_b/ (N/mm²)	屈服点 σ_S/ (N/mm²)	≤150℃	200℃	250℃	300℃	350℃	400℃
钢管	10	333	206	108	98	88	83	74	66
	20	392	245	127	118	108	98	90	81
	16Mn	510	343	170	165	157	146	137	123
	12GrMo	412	245	131	125	119	113	100	100
	15GrMo	441	255	138	131	125	119	113	106
	15MnV	529	392	170	170	170	166	153	144
	12Gr1MoV	470	255	138	131	125	119	113	106
	Gr2Mo	392	176	105	103	101	98	95	92
	1Gr18Ni9Ti	549	206	137	127	118	113	110	108
钢管	Q235AF	372	235	108	98	88	78	73	68
	Q235A	372	235	117	108	98	88	83	73
	20G	402	245	132	123	113	103	93	83

8. 试压临时用管的水压强度如何计算?

试压临时用管的管材的水压强度试验按下式计算:

$$P_s = \frac{2SR}{D_w}$$

式中 P_s——试验压力,MPa;

S——管子壁厚,mm;

R——取钢号屈服强度的 60%,N/mm²;

D_w——管子外径,mm。

对于普通焊接钢管及加厚焊接钢管,管材的水压强度试验压力分别为 2MPa 及 3MPa。

以上试验压力均是指对管材本身而言，是对产品的要求，作为水压临时管线计算的一个依据。

9. 各种盲板厚度的计算方法是什么？

夹在法兰中的盲板、圆形平端盖和内焊接盲板，由于受到管道或容器内部介质的压力，会产生很大的应力。

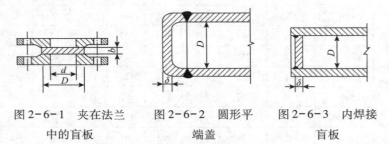

图2-6-1　夹在法兰　　图2-6-2　圆形平　　图2-6-3　内焊接
中的盲板　　　　　　端盖　　　　　　　盲板

上述3种平板式封头的力学性能远不及半球形封头、椭圆形封头或蝶形封头，也就是说，在同样直径和内压力条件下，以半球形封头壁厚为最小，椭圆形、蝶形封头次之，平板式封头最厚。但由于平板式封头制作简单，在管道工程中使用较多。当管径较大或内压力较高时，可按下式计算平板式封头的厚度。

$$S = KD\sqrt{\frac{P}{[\sigma]}}$$

式中　　S——平板式封头的厚度，mm；

　　　　K——条件系数，图2-6-1、图2-6-2取0.4，图2-6-3取0.6；

　　　　D——图2-6-1为盲板直径；图2-6-2、图2-6-3为管内径，mm；

　　　　P——内压力，MPa；

　　　[σ]——许用应力，200℃以内取100N/mm²。

10. 管道吹扫和清洗的通用要求是什么?

(1)管道吹扫与清洗方法,应根据管道的使用要求、工作介质、系统回路、现场条件及管道内表面脏污程度确定,并应符合下列规定:

①公称尺寸大于或等于600mm 的液体或气体管道,宜采用人工清理;

②公称尺寸小于600mm 的液体管道宜采用水冲洗;

③公称尺寸小于600mm 的气体管道宜采用压缩空气吹扫;

④蒸汽管道应采用蒸汽吹扫,非热力管道不得采用蒸汽吹扫;

⑤对有特殊要求的管道,应按设计文件规定采用相应的吹扫与清洗方法;

⑥需要时可采取高压水冲洗、空气爆破吹扫或其他吹扫与清洗方法。

(2)管道吹扫与清洗前,应再洗检查管道支吊架的牢固程度,对有异议的部位应进行加固。

(3)对不允许吹扫与清洗的设备及管道,应进行隔离。

(4)管道吹扫与清洗前,应将系统内的仪表、孔板、喷嘴、滤网、节流阀、调节阀、电磁阀、安全阀、止回阀(或止回阀阀芯)等管道组成件暂时拆除,并应以模拟体或临时短管替代,待管道吹洗合格后应重新复位。对以焊接形式连接的上述阀门、仪表等部件,应采取流经旁路或卸掉阀头及阀座加保护套等保护措施后再进行吹扫与清洗。

(5)吹扫与清洗的顺序应按主管、支管、疏排管依次进行。吹洗出的脏物不得进入已吹扫与清洗合格的管道。

(6)管道吹扫与清洗安装的临时供水、供气管道及排放管道,应预先吹扫与清洗干净后再使用。

（7）管道吹扫与清洗时应设置禁区和警戒线，并应挂警示牌。

（8）空气爆破吹扫和蒸汽吹扫时，应采取在排放口安装消音器等降低噪声的措施。

（9）化学清洗废液、脱脂残液及其他废液、污水的处理和排放，应符合国家现行有关标准的规定，不得随地排放。

（10）管道吹扫与清洗合格后，除规定的检查和恢复工作外，不得再进行其他影响管内清洁的作业。

（11）化学清洗和脱脂作业时，操作人员应按规定穿戴专用防护服装，并应根据不同清洗液对人体的危害程度佩戴防护眼镜、防毒面具等防护用具。

11. 管道水冲洗时应注意什么？

（1）管道冲洗应使用洁净水。冲洗不锈钢、镍及镍合金管道时，水中氯离子含量不得超过 25×10^{-6}（25ppm）。

（2）管道水冲洗的流速不应低于 1.5m/s，冲洗压力不得超过管道的设计压力。

（3）冲洗排放管的截面积不应小于被冲洗管截面积的 60%。排水时，不得形成负压。

（4）管道水冲洗应连续进行，当设计无规定时，排出口的水色和透明度应与入口处的水色和透明度目测一致。

（5）对有严重锈蚀和污染的管道，当使用一般清洗方法未能达到要求时，可采取将管道分段进行高压水冲洗的方法。

（6）管道冲洗合格后，应及时将管内积水排净，并应及时吹干。

12. 管道空气吹扫时应注意什么？

（1）空气吹扫宜利用工厂生产装置的大型空压机或大型储气罐进行间断性吹扫。吹扫压力不得大于系统容器和管道的设计压力,吹扫流速不宜小于20m/s。

(2)吹扫忌油管道时,应使用无油压缩空气或其他不含油的气体进行吹扫。

(3)空气吹扫时,应在排气口设置贴有白布或涂白漆的木质靶板(也可采用铝板)进行检验,吹扫5min后靶板上应无铁锈、尘土、水分及其他杂物。

(4)当吹扫的系统容积大、管线长、口径大、并不宜用水冲洗时,可采取"空气爆破法"进行吹扫。爆破吹扫时,向系统充注的气体压力不得超过0.5MPa,并应采取相应的安全措施,例如警戒线、挡板及固定措施等。

13. 管道蒸汽吹扫时应注意什么?

(1)蒸汽管道吹扫前,管道系统的保温隔热工程应已完成。

(2)蒸汽吹扫安装的临时管道,应按正式蒸汽管道安装技术要求进行施工。在临时管道吹扫干净后,再用于正式蒸汽管道的吹扫。

(3)蒸汽管道应以大流量蒸汽进行吹扫,流速不应小于30m/s。

(4)蒸汽吹扫前,应先进行暖管,并应及时疏水。暖管时,应检查管道的热位移,当有异常时,应停止供汽后及时进行处理。

(5)蒸汽吹扫时,管道上及其附近不得放置易燃、易爆物品及其他杂物。

(6)蒸汽吹扫应按加热、冷却、再加热的顺序循环进行。吹扫时宜采取每次吹扫一根和轮流吹扫的方法。

(7)排放管应固定在室外,管口应倾斜朝上。排放管直径不应小于被吹扫管的直径。

(8)通过汽轮机或设计文件有规定的蒸汽管道,经蒸汽吹扫后应对吹扫靶板进行检验。最终验收的靶板应做好标识，并应妥善保管。

14. 管道脱脂应注意什么？

（1）忌油管道系统应按设计文件规定进行脱脂处理。

（2）脱脂液的配方应经试验鉴定后再采用。

（3）对有明显油渍或锈蚀严重的管子进行脱脂时，应采用蒸汽吹扫、喷砂或其他方法清除油渍和锈蚀后，再进行脱脂。

（4）脱脂剂应按设计规定选用。当设计无规定时，应根据脱脂件的材质、结构、工作介质、脏污程度及现场条件选择相应的脱脂剂和脱脂方法。

（5）脱脂剂或用于配制脱脂液的化学制品应具有产品质量证明文件。脱脂剂在使用前应按产品技术条件对其外观、不挥发物、水分、反应介质及油脂含量进行复验。脱脂剂应按规定进行妥善保管。

（6）脱脂、检验及安装使用的工器具、量具、仪表等，应按脱脂件的要求预先进行脱脂后再使用。

（7）脱脂后应及时将脱脂件内部的残夜排净，并应用清洁、无油压缩空气或氮气吹干，不得采用自然蒸发的方法清除残液。当脱脂件允许时，可采用清洁无油的蒸汽将脱脂残液吹除干净。

（8）有防锈要求的脱脂件经脱脂处理后，宜采取充氮封存或采用气相防锈纸、气相防锈塑料薄膜等措施进行密封保护。

15. 管道化学清洗应注意什么？

（1）需要化学清洗的管道，其清洗范围和质量要求应符合设计文件的规定。

（2）当进行管道化学清洗时，应与无关设备及管道进行隔离。

（3）化学清洗液的配方应经试验鉴定后再采用。

(4)管道化学清洗应按脱脂去油、酸洗、水洗、钝化、水洗、无油压缩空气吹干的顺序进行。当采用循环方式进行酸洗时，管道系统应预先进行空气试漏或液压试漏检验合格。

(5)对不能及时投入运行的化学清洗合格的管道，应采取封闭或充氮保护的措施。

16. 油路管道清洗应注意什么？

(1)润滑、密封及控制系统的油管道应在机械设备和管道酸洗合格后、系统试运行前进行油清洗。不锈钢油系统管道宜采用蒸汽吹净后再进行油清洗。

(2)经酸洗钝化或蒸汽吹扫合格的油管道，宜在两周内进行油清洗。

(3)当在冬季或环境温度较低的条件下进行油清洗时，应采取在线预热装置或临时加热器等升温措施。

(4)油清洗应采用循环方式进行。油循环过程中，每 8h 应在 $40 \sim 70℃$ 内反复升降油温 $2 \sim 3$ 次，并应及时清洗或更换滤芯。

(5)当设计文件或产品技术文件无规定时，管道油清洗后应采用滤网检验。

(6)油清洗合格的管道，应采取封闭或充氮保护措施。

(7)油系统试运行时，应采用符合设计文件或产品技术文件的合格油品。

17. 管道通球试验主要有哪些步骤？

(1)清管通球线路设备布置见图 2-6-4。

(2)清管通球主要施工工序见图 2-6-5。

(3)具体施工操作步骤：

①首端发送清管器；

②检查发送装置上各连通阀门是否关严，首端至末端的所有

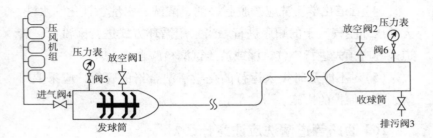

图 2-6-4 清管通球线路设备布置

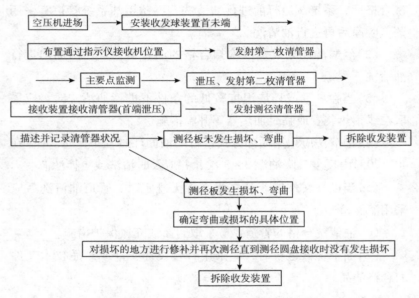

图 2-6-5 清管通球主要施工工序

阀室球阀是否全开；

③在距首端 0.5 ~ 1km 及距末端 1 ~ 2km 处分别安装一台清管器通过指示仪，在管道的弯头及穿越等地方有选择的安装通过指示仪并派专人把守；

④关闭干线放空阀，打开发球筒上的放空阀 1 进行放空，确

认发球筒压力为零;

⑤打开盲板,把清管器送入球筒底部大小头处,将清管器在大小头处塞紧;

⑥关闭盲板,装好保安装置;

⑦关闭发球筒上的放空阀1,收球筒上的放空阀2,打开首末端压力表阀门5、6打开收球筒上的排污阀3;

⑧通过发球筒上的进气阀4注入压缩空气,发送清管器,观察清管通过指示器,确认清管器已发出;

⑨当第一个清管器运行1~2km后,关闭进气阀4,打开发球筒上的放空阀1进行泄压,当确认管内压力等于大气压力后,打开盲板,装入第二个清管器,用同样的方法发射第二枚清管器;

⑩用皮碗式清管器和光面泡沫球通球扫线后进行管线除锈。管道除锈采用泡沫碗式组合清管器前段加上圆盘钢丝刷通球2次,除去管内锈蚀及焊渣等;

⑪当通球扫线、除锈合格后用同样的方法发射测径清管器。

(4)站点过球监测

①监测点布置:监测点原则上设置在管道拐弯、起拱、穿越等特殊位置;

②操作要点:把电子接收仪放置在监测点的管线上方,确认无误后,监测人员带上监测耳机,清管器通过时,接收仪会产生较大的、有节奏的蜂鸣声,此时监测人员要记录清管器通过个数与时间,确认全部通过后撤离本监测点并迅速转移到另一监测点进行监测。

(5)清管站接收清管器:

①检查清管装置上各连接阀门是否关严;

②首站清管器发出后,打开末端排污阀3;

③确认清管器进入收球筒后,关闭末端排污阀3,开筒体上

的放空阀 2 直至压力为零；

④拆下安全销，打开盲板，取出清管器并检查、描述、记录；

⑤清除收球筒内污物；

⑥检查测径板是否发生弯曲、损坏，对测径板的形状进行描述并记录；

⑦按要求把水排放到指定地点，在排水端安装排水缓冲设施，防止冲蚀，深切地面或者损害排水点植被；

⑧管内水清扫完毕后，为了彻底清除管内氧化物，需要运行带有钢丝刷的清管器，要求运行钢丝刷清管器两遍，以完全清理掉管道内的氧化物和试压产生的灰尘，为了清理管道内的灰尘，要求运行 4 次泡沫清管器；

⑨必须要在试压检查员在场的情况下才能发射和接收清管器；

⑩清管器的运行速度为 4~5km/h。清管前施工单位根据排量配备足够的压缩机，以保证清管时有足够的动力保证清管器行进的速度和距离。清管作业应白天进行。不得使用黄油或者类似物质润滑清管器。

第三篇　质量控制

第一章　质量控制要求

1. 压力管道施工前需注意哪些事项？

（1）图纸没有压力管道设计章，禁止压力管道施工。

（2）压力管道已对地方监检部门报审。

（3）部分管线号之间区别仅一字之差，焊口标识时应仔细填写。

2. 管道数据库的编制包含哪些内容？

（1）数据内容应当包含管道的管段编号、管道级别、设计压力、设计温度、试验压力、压力试验形式、焊缝编号、管线规格、焊道寸径、管道材质、焊接材料、焊接方法、焊接日期、焊工编号、检测比例、检测方法、检验批、热处理要求、检测报告编号、返修记录等。

（2）检验批的分解要从区域、安装单位等方面考虑，方便现场焊口的组批检测。

（3）管道数据库必须每天输入进行更新。

3. 管段下料、坡口打磨、焊口组对有哪些要求？

（1）检查管段的下料几何尺寸，焊缝坡口角度、焊缝组对间隙、焊缝组对错边量等是否符合要求。详见第二篇第四章第8问。

（2）管工拿到图纸后先统计所需材料，按每张单线图进行统计领用，然后计算下料尺寸，计算时要考虑每根管子的长度，尽量减少管段的浪费、合理下料，以免造成后续的材料不足。

（3）坡口制作要求：20mm 以下采用 V 形坡口，20mm 以上采用 VU 形坡口，坡口角度控制在30°左右，坡口打磨要保证管口内外清洁度，坡口应平整无凹坑；重点要检查合金钢热加工的坡口是否已经做过渗透检测，其检测与委托一定要与焊口相符，并及时将委托及检测结果及时录入焊接数据库，便于追踪。

4. 管道焊接应注意哪些事项？

（1）露天焊接作业需做好防风挡雨措施。

（2）各种材料焊接线能量的要求。

（3）焊材存储、烘烤、发放、回收，现场焊接过程的各种检查例如焊接材料与母材的匹配、焊工焊接是否于持证项目相符、焊缝焊接记录标识。

（4）焊口日报表的收集。

（5）管道组对间隙控制在 2~3mm，点焊长度控制在 10mm，分 4 点均匀分布。

（6）直管与直管组对时采用角尺检验平直度和错边量，直管与管配件、管配件与管配件组对时采用角尺检验角度。

（7）点焊完成后进行焊接，所有焊口必须氩弧打底，焊缝宽度及余高应符合规范要求，焊接完成后把焊缝及周围的飞溅焊渣打磨干净，并由质量人员确认是否合格。

5. 焊缝焊接完成后需检查哪些内容？

（1）焊缝的目测检查（例如飞溅、咬边、气孔、表面夹渣等）。

（2）有热处理及检测要求的焊口应按要求进行委托，合金钢焊口先做热处理后检测；普通碳钢焊口可先检测后做热处理，可以避免返修焊口造成二次热处理。

（3）检测委托按检验批要求进行编制，预制焊口日工作量大，为避免检测焊口积压，可视检测量调整检验批时间，有利于预制管段分批出厂，也可避免大量预制管段的堆积。

（4）对有延迟裂纹倾向的材料的焊缝应在焊接完成 24h 后再检测。

（5）返修扩探口的检测。

6. 管段预制完成后需检查哪些内容？

（1）各种标识、管口保护、法兰密封面、管内清洁度、管口封堵。

（2）出厂预制件检查热处理、无损检测是否已合格完成。

（3）法兰面锈蚀、划痕，不锈钢等特材的表面渗碳污染。

（4）管口封堵前一定要确认管内无异物、保证管内清洁度。

7. 管道工序交接需检查哪些内容？

（1）如上道工序施工质量存在问题不能接收，需处理完成方可交接。

（2）设备随机的法兰、螺栓、垫片数量是否有齐全和表面是否存在缺陷，设备管口标高、方位、规格、等级是否相符，管口法兰面是否存在缺陷。

（3）管段图标高与钢结构标高是否相符。

（4）防腐保温交接前管道水压试验已经完成，伴热线已安装完毕并检验合格。

（5）工序交接需项目内专业技术人员、质量员、分包单位技术人员、分包质量员参加，并签字确认。

（6）对上道工序进行检查，是否能满足本专业的安装质量要求。

（7）设备接口材质确认，并核对质量证明文件和设计要求是否一致，有异议的委托检测单位做材质光谱分析。

（8）管道与防腐保温专业进行工序交接时要明确交接管线所

在区域、管线号；分段试压的管线一定要交接到具体的防腐保温点，避免将未完成段移交防腐保温单位。

8. 试压包的编制有哪些要求？

（1）依据现场实际情况及 PID 图进行试压流程图的绘制。

（2）试压包一般按介质、试验压力、材料等级划分。

（3）不宜与设备一起试压，在无法与设备隔离的情况下需核实设备的试验压力和管道的试验是否符合规范要求。

（4）与管道一起试压的膨胀节、过滤器等需核实试验压力，不得超过膨胀节和与过滤器的试验压力。

9. 管道试压有哪些要求？

（1）编制试压方案，检查试压管线。

（2）临时试压管线的敷设图。

（3）试压盲板选材及厚度计算。

（4）督促分包进行试压包检查和尾项清理。

（5）临时试压管线的敷设需要满足现场使用要求。

（6）高压试压时制定的安全措施能否满足要求，是否落实到位。

（7）管线试压资料是否已整理完成并报监合格，临时盲板安装拆除的检查确认。

（8）压力表量程和数量是否符合要求、压力表有效期时间检查、是否有合格报告。

（9）盲板加设是否符合要求。

（10）仪表件是否已隔离或拆除。

（11）实体试压是否与流程图相符。

（12）冬季水压注意及时放水（不能过夜）。

（13）试压泵要按要求进行上压操作和检查。

10. 成品保护有哪些要求?

(1)不锈钢管道不得直接与地面接触,应在不锈钢管道下方设置塑料、木板等进行隔离,以防渗碳腐蚀。

(2)不锈钢管道上方进行动火作业时,应对不锈钢管道进行隔离保护,以防火星与不锈钢表面接触后产生渗碳。

(3)阀门、法兰等有密封面的物件应在密封面处采用塑料、木板等进行封堵,以防坚硬物对密封面造成损伤。

(4)阀门堆放时应处于全关状态,以防杂物进入对阀芯造成损伤。

(5)管道安装完成后不得在安装完的管道上作吊点使用,施工时不得在小口径管道上进行踩踏,以防管道经重物影响产生变形。

(6)管道预制及安装完成后应对管道敞开口进行封堵,以防杂物掉入管内或设备内,对管道和设备运行带来隐患。

(7)防腐完成的管道在吊装时应采用专用吊带,当采用钢丝绳时应在与管道接触面处采取隔离保护措施,以防破坏防腐层。

(8)电焊把线移动时应关闭焊机,以防把线在移动过程中损坏把线绝缘套对管道表面造成电击划伤。

11. 夹套管验收要求有哪些?

(1)夹套管的内管有焊缝时,该焊缝应进行射线检测,并应经试压合格后,再封入外管。焊缝质量合格标准不应低于《承压设备无损检测 第2部分:射线检测》(NB/T 47013.2)规定的Ⅱ级。

(2)夹套管的内管和外管应分别进行压力试验,试验介质、试验压力、试验过程及结果,应符合规范规定。

(3)夹套管的加工尺寸和外观质量应符合设计文件的规定,

并应符合下列规定：

①外管与内管间隙应均匀，支承块不得妨碍内管与外管的热胀冷缩，支承块的材质应与内管相同；

②夹套弯管的外管和内管，其同轴度偏差不得大于3mm；

③输送熔融介质管道的内表面焊缝应平整、光滑。

12. 管道支吊架制作验收要求有哪些？

(1)管道支吊架的型式、材质、加工尺寸及精度应符合国家现行有关标准和设计文件的规定。通过核对支架图纸资料，是否符合设计文件要求。

(2)管道支、吊架焊接完毕应进行外观检查。

(3)管道环焊缝与支吊架的净距离应不小于50mm。需要热处理的焊缝与支吊架的距离应不小于焊缝宽度的5倍，且不得小于100mm。

(4)除设计文件另有规定外，现场焊接的管道和管道组成件的支吊架与管道直接焊接的焊缝，其表面应进行磁粉检测或渗透检测。

13. 管道支吊架安装验收要求有哪些？

(1)管道固定支架的形式、安装位置和质量应符合国家现行有关标准和设计文件的规定。不得在没有补偿装置的热管道直管段上同时安置两个及两个以上的固定支架。

(2)弹簧支、吊架的形式应符合设计文件的规定，安装位置应正确，弹簧的调整值应符合设计文件的规定。

(3)无热位移的管道，吊杆应垂直安装。有热位移的管道，其吊杆应偏置安装，当设计文件无规定时，吊点应设置在位移的相反方向，并应按位移值的1/2偏位安装。两根有热位移的管道不得使用同一吊杆。

（4）导向支架或滑动支架的滑动面应洁净、平整，不得有歪斜和卡涩现象。有热位移的管道，当设计文件无规定时，支架安装位置应从支承面中心向位移反方向偏移，偏移量应为位移值的1/2，绝热层不得妨碍其位移。

（5）管道安装完毕后，应逐个核对支、吊架的形式和位置。

14. 管道焊缝验收要求有哪些？

管道焊道（焊缝）完成焊接后应进行焊接接头的外观检查和无损检测，其验收要求是：

（1）外观检查

焊缝外观检查内容包括：咬边、表面气孔、未熔合、裂纹、未满焊、漏焊、焊瘤、烧穿、余高超差等缺陷。要求焊缝外形均匀，焊道与焊道、焊道与基本金属之间过渡平滑，焊渣和飞溅物清理干净。外观检查主要方法为目测。

管道焊接接头的外观质量应按表2-7-1进行验收。

表2-7-1　金属管道焊接接头外观质量等级

检查等级	1				2				3				4				5			
缺陷类型	对接环缝	纵缝	角焊缝	支管连接	对接环缝	纵缝	角焊缝	支管连接	对接环缝	纵缝	角焊缝	支管连接	对接环缝	纵缝	角焊缝	支管连接	对接环缝	纵缝	角焊缝	支管连接
表面线性缺陷	○	○	○	○	○	○	○	○	○	○	○	○	○	○	○	○	○	○	○	○
表面气孔	○	○	○	○	○	○	○	○	○	○	○	○	○	○	○	○	○	○	○	○
外露夹渣	○	○	○	○	○	○	○	○	○	○	○	○	○	○	○	○	○	○	○	○
咬边	○	○	○	○	○	○	○	○	○	○	○	○	○	○	○	□	○	○	○	□
余高	△	△	△	△	△	△	△	△	△	△	△	△	△	△	△	△	△	△	△	△

注：1. 线性缺陷包括裂纹、未焊透、未熔合；
　　2. 表中纵缝指现场焊接的直缝。

（2）无损检测

无损检测主要是通过设备手段，对焊道表面和内部进行检测。检查内容包括：裂纹、未焊透、未熔合、气孔等。无损检测方法主要有：射线检测、超声波检测；渗透检测、磁粉检测、TOFD 超声衍射检测等。焊道无损检测方法主要是核查无损检测报告，检查标准参照表 2-7-2 管道焊接检查和检验。

（3）两条对接焊缝间的距离，不应小于焊件厚度的 3 倍，需焊后热处理时，不应小于焊件厚度的 6 倍，且应符合下列要求：

①管道公称直径小于 150mm 时，焊缝间的距离不小于外径，且不小于 50mm；

②管道公称直径大于或等于 150mm 时，焊缝间的距离不小于 150mm。

表 2-7-2 金管道焊接无损检测数量及验收标准

检查等级	管道级别	对接接头			角焊接头		
		检测数量	验收标准	合格等级	检测数量	验收标准	合格等级
1	SHA1 SHB1	100% RT	NB/T 47013.2	Ⅱ级	100% MT	NB/T 47013.4	Ⅰ级
	SHC1	100% UT	NB/T 47013.3	Ⅰ级	100% PT	NB/T 47013.5	
2	SHA2 SHB2	20% RT	NB/T 47013.2	Ⅱ级	20% MT	NB/T 47013.4	Ⅰ级
	SHC2	20% UT	NB/T 47013.3	Ⅰ级	20% PT	NB/T 47013.5	
3	SHA3 SHB3	10% RT	NB/T 47013.2	Ⅲ级	—	—	
	SHC3	10% UT	NB/T 47013.3	Ⅱ级	—	—	
4	SHA4 SHB4	5% RT	NB/T 47013.2	Ⅲ级			
	SHC4	5% UT	NB/T 47013.3	Ⅱ级			
5	SHC5	—					

15. 埋地管道外防腐层质量验收要求有哪些?

(1)埋地管道的外防腐层质量应符合国家现行有关标准和设计文件的规定。用测厚仪测量防腐层的厚度、对防腐层表面进行电火花检漏,看是否达到设计规定要求,检查相关施工安装及防腐隐蔽记录。

(2)检查防腐层的外皮是否存在划伤、脱落、黏不牢等表面缺陷。

16. 埋地管道验收要求有哪些?

(1)管道防腐层施工质量检查。

(2)管道焊接记录、检测报告、材料质量证明文件。

(3)试压记录。

17. 管道预制时,自由管段和封闭管段尺寸偏差有何要求?

自由管段和封闭管段的加工尺寸允许偏差应符合表 2-7-3 的规定。

表 2-7-3　自由管段和封闭管段的加工尺寸允许偏差　mm

项目		允许偏差	
		自有管段	封闭管段
长度		±10	±1.5
法兰密封面与管子中心线垂直度	$DN<100$	0.5	0.5
	$100\leqslant DN\leqslant300$	1.0	1.0
	$DN>300$	2.0	2.0
法兰螺栓孔对称水平度		±1.6	±1.6

18. 螺栓在试运行时进行热态紧固或冷态紧固有何要求?

高温或低温管道法兰的螺栓,在试运行时进行按表2-7-4要求进行紧固:

(1)管道热态紧固、冷态紧固温度应符合表2-7-4的规定。

表2-7-4 管道热态紧固、冷态紧固温度 ℃

管道工作温度	一次热、冷态紧固温度	二次热、冷态紧固温度
200~350	工作温度	—
>350	350	工作温度
-20~-70	工作温度	—
<-70	-70	工作温度

(2)热态紧固或冷态紧固应在达到工作温度2h后进行。

(3)紧固螺栓时,管道最大内压应根据设计压力确定。当设计压力小于或等于6MPa时,热态紧固最大内压应为0.3MPa;当设计压力大于6MPa时,热态紧固最大内压应为0.5MPa。冷态紧固应卸压后进行。

19. 管道在进行预拉伸或压缩时应检查哪些内容?

管道预拉伸或压缩应检查下列内容,预拉伸或压缩量应符合设计文件的规定:

(1)预拉伸区域内固定支架间所有焊缝(预拉口除外)已焊接完毕,需热处理的焊缝已作热处理,并经检验合格。

(2)预拉伸区域支、吊架已安装完毕,管子与固定支架已牢固。预拉口附近的支、吊架应预留足够的调整裕量,支、吊架弹簧已按设计值进行调整,并临时固定,不使弹簧承受管道载荷。

(3)预拉伸区域内的所有连接螺栓已拧紧。

20. 管道法兰安装验收要求有哪些?

(1)管道安装时,应检查法兰密封面及密封垫片,不得有影响密封性能的划痕、斑点等缺陷。

(2)法兰连接应与管道同心,螺栓应自由穿入。法兰螺栓孔应跨中布置。法兰间应保持平行,其偏差不得大于法兰外径的0.15%,且不得大于2mm。

(3)法兰连接应使用同一规格螺栓,安装方向应一致。螺栓紧固后应与法兰紧贴,不得有楔缝。当需加垫圈时,每个螺栓不应超过一个。所有螺母应全部拧入螺栓。

21. 螺栓、螺母需要涂刷二硫化钼或石墨的范围有哪些?

(1)合金钢螺栓和螺母。

(2)管道设计温度高于100℃或低于0℃。

(3)露天装置。

(4)处于大气腐蚀环境或输送腐蚀介质。

22. 管道安装过程中,允许偏差量有何要求?

管道安装完成后,应对每条管线号进行不少于3处的允许偏差测量,偏差值应符合表2-7-5的要求。

表2-7-5 管道安装的允许偏差　　　　mm

项目			允许偏差
坐标	架空及地沟	室外	25
		室内	15
	埋地		60
标高	架空及地沟	室外	±20
		室内	±15
	埋地		±25

续表

项目		允许偏差
水平管道平直度	$DN \leqslant 100$	$2L\%$，最大 50
	$DN > 100$	$3L\%$，最大 80
立管铅锤度		$5L\%$，最大 30
成排管道间距		15
交叉管的外壁或绝热层间距		20

注：L 为管道的有效长度。

23. 转动设备在进行管道配管时，管道安装有何要求？

对不允许承受附加外荷载的动设备，管道与动设备连接质量应符合下列规定：

（1）管道与动设备连接前，应在自由状态下，检验法兰的平行度和同心度，当设计文件或产品技术文件无规定时，法兰平行度和同心度允许偏差应符合表 2 - 7 - 6 的规定。

表 2 - 7 - 6 法兰平行度和同心度允许偏差

机器转速/（r/min）	平行度/mm	同心度/mm
< 3000	≤0.40	≤0.80
3000 ~ 6000	≤0.15	≤0.50
> 6000	≤0.10	≤0.20

（2）管道系统与动设备最终连接时，动设备额定转速大于 6000r/min 时的位移值应小于 0.02mm；额定转速小于或等于 6000r/min 时的位移值应小于 0.05mm。

（3）管道试压、吹扫与清洗合格后，应对管道与动设备的接口进行复位检查，其偏差值应符合表 2 - 7 - 6 的规定。

24. 管道及管道组成件的焊缝进行射线或超声波检测时有哪些要求?

(1)100%射线检测的焊缝质量合格标准不应低于《承压设备无损检测　第 2 部分：射线检测》(NB/T 47013.2)规定的 Ⅱ 级；抽样或局部射线检测的焊缝质量合格标准不应低于《承压设备无损检测　第 2 部分：射线检测》(NB/T 47013.2)规定的 Ⅲ 级。

(2)100%超声检测的焊缝质量合格标准不应低于《承压设备无损检测　第 3 部分：超声检测》(NB/T 47013.3)规定的 Ⅰ 级；抽样或局部超声检测的焊缝质量合格标准不应低于《承压设备无损检测　第 3 部分：超声检测》(NB/T 47013.3)规定的 Ⅱ 级。

(3)检验数量应符合设计文件和下列规定：

①管道焊缝无损检测的检验比例应符合表 2 - 7 - 7 的规定。

表 2 - 7 - 7　直管道焊缝无损检测的检验比例

焊缝检查等级	Ⅰ	Ⅱ	Ⅲ	Ⅲ
无损检测比例/%	100	≥20	10	5

②管道公称尺寸小于500mm 时，应根据环缝数量按规定的检验比例进行抽样检验，且不得少于 1 个环缝，环缝检验应包括整个圆周长度，固定焊的环缝抽样检验比例不应少于40%；

③管道公称尺寸大于或等于500mm 时，应对每条环缝按规定的检验数量进行局部检验，并不得少于 150mm 的焊缝长度；

④纵缝应按规定的检验数量进行局部检验，且不得少于150mm 的焊缝长度；

⑤抽样或局部检验时，应对每一焊工所焊的焊缝按规定的比例进行抽查。当环缝与纵缝相交时，应在最大范围内包括与纵缝的交叉点，其中纵缝的检查长度不应少于38mm；

⑥抽样或局部检验应按检验批进行。检验批和抽样或局部检

验的位置应由质量检查人员确定。

(4)当焊缝局部检验或抽样检验发现有不合格时,应在该焊工所焊的同一检验批中采用原规定的检验方法做扩大检验,焊缝质量合格标准应符合上表的规定。检验数量应符合下列规定:

①当出现一个不合格焊缝时,应再检验该焊工所焊的同一检验批的两个焊缝;

②当两个焊缝中任何一个又出现不合格时,每个不合格焊缝应再检验该焊工所焊的同一检验批的两个焊缝;

③当再次检验又出现不合格时,应对该焊工所焊的同一检验批的焊缝进行100%检验。

25. 管道进行蒸汽吹扫时应符合哪些要求?

(1)蒸汽吹扫的技术要求应符合国家现行有关标准和设计文件的规定。通往汽轮机或设计文件有规定的蒸汽管道,蒸汽吹扫后应检查靶板,吹扫质量应符合设计文件的规定,最终验收的靶板应做好标识,并应妥善保管。当设计文件无规定时,蒸汽吹扫质量应符合表2-7-8的规定。

表2-7-8 蒸汽吹扫质量验收标准例

检验项目	质量标准
打靶次数	不少于3次
打靶持续时间	每次吹扫15min(两次吹扫均应合格)
靶板上痕迹大小	ϕ0.6以下
靶板上痕迹深度	小于0.5mm
痕迹点数	1个/cm²

注:靶板宜用抛光或光滑的铝板制作,靶板厚度不应小于6mm,宽度不应小于排汽管内径的10%,长度宜大于排汽管内径。

(2)除上条规定以外的蒸汽管道吹扫时,可用刨光涂白漆的木制靶板置于排汽口进行检验。吹扫15min后靶板上应无铁锈、污物等杂质。

（3）蒸汽吹扫合格的管道在投入运行前，应按设计文件的规定进行系统封闭。

26. 管道脱脂有哪些要求?

管道脱脂的技术要求和质量标准应符合国家现行有关标准、设计文件和下列规定：

（1）采用有机溶剂脱脂的脱脂件，脱脂后应将残存的溶剂用无油压缩空气吹除干净，并应直至无溶剂气味为止。

（2）采用碱液脱脂的脱脂件，应用无油清水冲洗干净直至中性，然后用无油压缩空气吹干。用于冲洗不锈钢管的清洁水，水中氯离子含量不得超过 $25 \times 10^{-6}(25\text{ppm})$。

（3）采用 65% 以上浓硝酸作脱脂溶剂时，酸中所含有机物总量不应大于 0.03%。

（4）直接与氧、富氧、浓硝酸等强氧化性介质接触的管子、管件及阀门，可采用下列任意一种方法进行检验：

①采用清洁干燥的白色滤纸擦拭脱脂件表面，纸上无油脂痕迹为合格；

②采用无油蒸汽吹洗脱脂件，取少量蒸汽冷凝液盛于器皿中，放入一小粒直径不大于 1mm 的纯樟脑丸，以樟脑丸不停旋转为合格；

③使用波长为 3200~3800Å 的紫外光源照射脱脂件表面，无紫蓝荧光为合格；

④取样检查合格后的脱脂液，以其油脂含量不大于 350mg/L 为合格。

（5）脱脂合格的管道在投入使用前，应按国家现行有关标准和设计文件的规定进行系统封闭。

27. 油路管道清洗应符合哪些要求？

（1）润滑、密封及控制系统的油管道，应在机械设备和管道酸洗合格后、系统试运行前进行油清洗。油清洗的技术要求和合格标准应符合国家现行有关标准、设计文件或产品技术文件的规定。当设计文件或产品技术文件无规定时，管道油清洗后应采用滤网进行检验，合格标准应符合表 2 – 7 – 9 的规定。

表 2 – 7 – 9　油清洗合格标准

机械转速/（r/min）	滤网规格合格标准/目
≥6000	200
<6000	100

注：1. 目视滤网上无硬度的颗粒及黏稠物；
　　2. 软杂物不多于 3 个/cm² 。

（2）经油清洗合格的管道，应按设计文件的规定进行封闭或充氮保护。

第二章　施工质量案例

1. 管道开孔(支管)不符合规范要求的原因及防治措施有哪些?

管道开孔(支管)不符合规范要求的示例如图3-2-1所示。

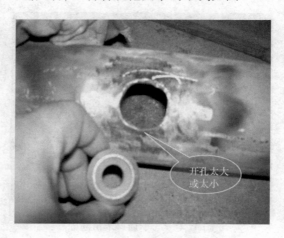

开孔太大
或太小

图3-2-1　管道开孔(支管)

(1)产生原因

开孔前主管未规范放样,未采用火焰开孔,或者火焰开孔时施工人员操作技能差;质量意识不强,火焰开孔完成后未对开孔处进行圆滑处理,造成孔洞不规则。

（2）防治措施

开孔前应对主管进行规范放样，开孔宜采用机械方式，当客观条件不允许机械开孔而采用火焰开孔时，应由技能水平较高的施工人员进行开孔作业，开孔完成后应对开孔处采用内磨机进行圆滑处理。骑坐式按支管内径尺寸开孔；插入式按支管外径尺寸开孔，主管开孔时需设置30°坡口，支管和主管之间留 1～1.5mm 组对间隙，且插入深度与主管内壁齐平。

应对施工作业人员加强教育，提高质量意识。

2. 承插口组对未留间隙的原因及防治措施有哪些？

承插口组对未留间隙的示例如图 3-2-2 所示。

图 3-2-2　承插口未留间隙

（1）产生原因

施工人员在承插口组对时未标识插入深度线，组对完成后未对间隙进行核查，造成承插口无间隙，施工作业人员质量意识不强；对管口组对要求不严谨，没有按要求控制组对间隙或者间隙控制部均匀。

（2）防治措施

承插口组对前应标好插入深度线，以深度线作为组对间隙的依据，组对完成后应对间隙进行核查，如不符合间隙要求，应重新组对。承插式角接头的组对间隙为 1～1.5mm，安装组对时应严格按规范要求执行，现场质检员做重点检查。

应对施工作业人员加强教育，提高质量意识。

3. 管道焊缝标识不全的原因及防治措施有哪些？

管道焊缝标识不全的示例如图 3-2-3 所示。

（1）产生原因

焊工焊接完成后未及时填写焊工号和焊接日期，焊工对焊缝标识的重要性认识不足，管工与焊工的书写标识分工不明确，施工人员质量意识不强。

（2）防治措施

管工应及时提醒焊工焊接完成后，按要求及时对焊缝标识完善。项目质检人员加强对焊工的管理。焊缝标识内容包括管段区域号、管段号、焊口编号、焊工号、管线编号和焊接日期等。

应对施工作业人员加强教育，提高质量意识。

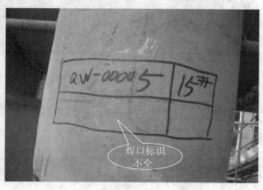

图 3-2-3 焊口标识不全

4. 安装完成的管道或设备口未及时封闭的原因及防治措施有哪些？

设备口未及时封闭的示例如图3-2-4所示。

(1)产生原因

施工人员质量意识不强，未及时对设备及管道朝天口进行封闭；施工人员责任心不强，封闭物绑扎不牢固。

(2)防治措施

安装完成的管道或设备口应及时封闭并绑扎牢固，防止杂物进入。项目质检人员加强对施工人员(管工)的管理。

应对施工作业人员加强教育，提高质量意识。

图3-2-4　设备管口未封闭

5. 管道与设备连接法兰平行度超标的原因及防治措施有哪些？

管道与设备连接法兰平行度超标的示例如图3-2-5所示。

(1)产生原因

法兰组对时平行度控制超标，造成法兰口倾斜；法兰口径过大，焊接时未考虑到焊接收缩量造成法兰面焊接变形；组对前未测量设备口法兰的平行度；施工人员质量意识不强；操作技能差。

（2）防治措施

组对前应对设备口法兰平行度进行确认；组对时应控制法兰面平行度，法兰平行度的偏差要求按表2-5-3要求执行；对大口径法兰焊接时应采取对称焊的方式以控制法兰口的焊接变形。

应对施工作业人员加强教育，提高质量意识。

图3-2-5　法兰平行度超标

6. 与转动机器连接的管口安装，产生应力的原因及防治措施有哪些？

与转动机器连接的管口安装，产生应力的示例如图3-2-6所示。

（1）产生原因

与转动机器连接的管道未从设备口处开始配管，固定口设置不合理，造成配管应力集中，螺栓在自由状态下不能穿入；施工人员操作技能差，责任心不强。

（2）防治措施

与转动机器连接的管道应从设备口开始进行配管，并同步安装支架，固定口应设置在从设备口出来第一个弯头以后。在支、吊架安装完毕后，拆下接管上的螺栓，使之在自由状态下均能在螺栓孔中顺利通过。

应对施工作业人员加强教育，提高质量意识。

图3-2-6 转动机器连接法兰口螺栓不能自由穿入

7. 在进行动设备配管时，可调支架未能及时安装的原因及防治措施有哪些？

在进行动设备配管时，可调支架未能及时安装的示例如图3-2-7所示。

（1）产生原因

对与动设备连接的管道安装顺序不了解，操作技能差，责任心不强。

（2）防治措施

在与动设备连接的管道安装时，应同步安装可调支架，通过调节支架的高度来保证管道的无应力安装。

应对施工作业人员加强教育，提高质量意识。

图 3-2-7　正式可调支架未及时安装

8. 管道临时支架安装不符合要求的原因及防治措施有哪些？

管道临时支架安装不符合要求的示例如图 3-2-8 所示。

图 3-2-8　管道临时支架不符合要求

（1）产生原因

施工作业人员对临时支撑的构件选用过于单薄，垫板尺寸过小、支撑不稳定，施工作业人员责任心不强。

（2）防治措施

当使用临时支架时，应根据管道的重量合理设置支撑构件，确保牢固，安装完毕后应及时更换正式支架。

应对施工作业人员加强教育，提高责任心。

9. 不锈钢管支架安装不符合要求的原因及防治措施有哪些？

不锈钢管道直接与碳钢支架接触的示例如图3-2-9所示。

（1）产生原因

不锈钢管道直接与碳钢支架接触未隔离，易产生不锈钢渗碳，操作人员对不锈钢渗碳的原因不清晰。

图3-2-9　不锈钢管道直接与碳钢支架接触没有隔离

（2）防治措施

不锈钢管道不得与碳钢和低合金钢接触，如需接触则接触面间应用聚四氟乙烯或橡胶板等隔开；当采用焊接支架时，应用同类材质的钢材过渡。

应对施工作业人员加强教育，提高质量意识。

10. 支架安装位置不合理的原因及防治措施有哪些？

支架位置安装不合理的示例如图 3-2-10 所示。

（1）产生原因

支架设计位置不合理，施工人员责任心不强。

（2）防治措施

支架安装位置应准确、合理。如支架安装位置不合理，应及时将现场问题反馈给设计人员解决，待设计解决后重新安装管道支架。

图 3-2-10　支架位置安装不合理

11. 滑动支架被固定在混凝土内的原因及防治措施有哪些？

滑动支架被固定的示例如图 3-2-11 所示。

（1）产生原因

管道支墩未及时完成，管道支撑预制底板不应焊接。

（2）防治措施

按施工工序要求，应先做支架基础，后安装支架。若确实存在现场支架已经安装且基础未做的情况，应待基础做完合格后，重新对该点的支架进行调整安装。

图 3-2-11　滑动支架被固定

12. 管道支架未及时完善的原因及防治措施有哪些？

管道支架型式未及时完善的示例如图 3-2-12 所示。

图 3-2-12　管道支架型式未按设计图纸要求施工

（1）产生原因

施工人员未按图纸要求制作。

（2）防治措施

管道安装完毕后，应按施工图纸及设计文件逐个核对，确认支、吊架的型式和位置。按设计规定的要求施工，当设计没有明确要求时，应提交设计确认。

应对施工作业人员加强教育，提高责任心。

13. 管道支架悬空的原因及防治措施有哪些？

管道支架与支承面悬空的示例如图 3-2-13 所示。

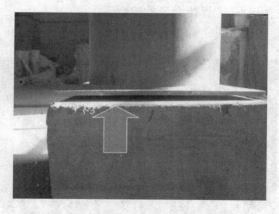

图 3-2-13 管道支架与支承面悬空

（1）产生原因

未按照图纸尺寸安装，或现场实际尺寸与图纸不符；支架支腿预制偏短；土建支墩制作有偏差；焊接底板时应力过大产生焊接变形；施工人员对支架安装要求不熟悉。

（2）防治措施

支架安装应牢固，与支撑面接触良好。管道安装完毕后如有悬空现象应重新制作安装支架或悬空处用钢板垫实。倘若图纸尺寸与实际尺寸偏差较大，应提交设计人员重新设计。

应对施工作业人员加强教育，提高责任心。

14. 支架安装歪斜的原因及防治措施有哪些？

支架安装歪斜的示例如图 3-2-14 所示。

（1）产生原因

支架组装时未进行垂直度测量，牛腿制作不符合要求，造成支架倾斜。

（2）防治措施

管道支架安装时应对支架垂直度进行测量，出现偏差及时调整；焊工施焊时注意焊接变形的控制。

应对施工作业人员加强教育，提高责任心。

图 3-2-14 支架安装倾斜

15. 吊架安装位移方向与管道位移方向不一致的原因及防治措施有哪些？

吊架安装位移方向与管道位移方向不一致的示例如图 3-2-

15 所示。

（1）产生原因

施工人员对于振动管道（蒸汽管道等）支吊架安装时位移的距离和方向不清楚，随意安装支架。施工人员责任心不强。

（2）防治措施

管道支吊架安装时，吊架卡扣安装应与管道位移方向一致。确保有位移要求的支架有移动的空间。项目技术质量人员应逐个对有位移和方向要求的支架进行核查确认。

应对施工作业人员加强教育，提高责任心。

图 3-2-15 吊架安装位移方向与管道位移方向不一致

16. 焊口组对错边量超标，产生的原因及防治措施有哪些？

焊口组对错边量超标的示例如图 3-2-16 所示。

（1）产生原因

管子与管件不匹配；组对人员在组对过程中未及时处理错边量。

（2）防治措施

加强材料外观尺寸验收，焊口组对错边量应符合第二篇第三章第 11 问的要求，组对前应对管配件进行合理的选配，错边量大时应对管配件重新进行加工或退货。

应对施工作业人员加强教育，提高责任心。

图 3-2-16　焊口组对错边量超标

17. 焊缝未一次连续焊接完成产生的原因及防治措施有哪些？

焊缝未一次连续焊接完成的示例如图 3-2-17 所示。

（1）产生原因

焊接人员质量意识不强；客观因素造成，如停电、设备损坏等。

（2）防治措施

加强教育，提高焊接人员质量意识；每条焊缝应一次连续焊完，特别是合金钢焊口，确因客观原因导致焊接中断的，应立即采取保温缓冷措施，对冷却到预热温度以下的，应重新预热后方能继续施焊。

图 3-2-17　焊道未一次连续焊接完成

18. 管道安装时的临时工、卡具未及时清理产生的原因及防治措施有哪些？

管道安装时的临时工、卡具未及时清理的示例如图 3-2-18 所示。

（1）产生原因

管道安装时的收尾工作清理不及时。

（2）防治措施

管道安装时不宜在管道上焊接临时工、卡具（合金钢管道禁止在表面焊接任何临时组对卡件）。如现场确实需要焊接临时工、卡具，则工、卡具材料应于母材相同并在管道安装完成后及时拆除并打磨干净。

应对施工作业人员加强教育，提高责任心。

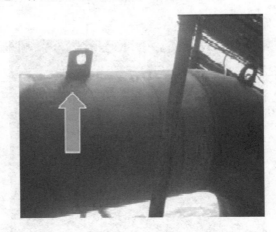

图 3-2-18　管道安装时的临时工、卡具未清理

19. 焊接作业时焊条筒未盖的原因及防治措施有哪些？

焊接作业时焊条筒未盖的示例如图 3-2-19 所示。

图 3-2-19 焊接作业时焊条筒未盖

（1）产生原因

焊接人员质量意识不强，对焊条使用要求不清楚，焊条筒未盖易使焊条达不到干燥状态，影响焊缝质量。

（2）防治措施

焊条在使用过程中需保持干燥，焊条取出后及时关闭保温桶盖。

应对施工作业人员加强教育，提高责任心。

20. 焊口未打磨、无组对间隙产生的原因及防治措施有哪些？

焊口未打磨、无组对间隙的示例如图3-2-20所示。

图3-2-20 焊口未打磨、无组对间隙

（1）产生原因

作业人员对坡口组对要求不熟悉；焊接人员质量意识不强。

（2）防治措施

焊口组对前必须将焊口两侧20mm范围内打磨干净，组对间隙2~3mm，焊接人员应拒绝对未进行打磨、无组对间隙的焊口进行点焊。

应对施工作业人员加强教育，提高责任心。

21. 管道焊缝咬边产生的原因及防治措施有哪些？

管道焊缝咬边严重的示例如图 3-2-21 所示。

（1）产生原因

焊接人员质量意识不强；操作技能差；焊接操作不恰当或焊接参数选择不当，主要是电流过大，焊接速度过快，电弧过长，焊接角度不对。

（2）防治措施

焊接人员应按照焊接作业指导书，选择合适的焊接工艺参数进行焊接作业；加强焊接人员质量意识，提高焊接人员操作技能。项目质检人员及时对焊接完成的焊接进行检查确认。

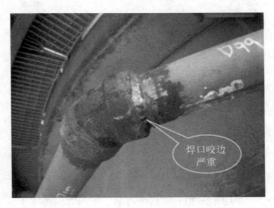

图 3-2-21 管道焊缝咬边严重

22. 伴热管线敷设不规范的原因及防治措施有哪些？

伴热线敷设不规范的示例如图 3-2-22 所示。

（1）产生原因

施工作业人员对伴热线敷设的要求不熟悉，操作技能差。

（2）防治措施

加强作业人员质量意识，提高作业人员操作技能；伴热管安装应符合第二篇第五章第 11 问的要求。当被伴管为水平敷设时，伴管应安装在被伴管下方一侧或两侧。

图 3-2-22　伴热线敷设不规范

23. 止回阀安装方向错误的原因及防治措施有哪些？

止回阀安装方向错误的示例如图 3-2-23 所示。

（1）产生原因

施工作业人员对施工图不熟悉，未能仔细核查介质流向，操作技能差。

（2）防治措施

加强作业人员质量意识，提高作业人员操作技能；按照图纸要求进行安装，并核对施工图流向。

应对施工作业人员加强教育，提高责任心。

图 3-2-23 止回阀安装方向错误

24. 法兰螺栓不匹配的原因及防治措施有哪些？

法兰螺栓不匹配的示例如图 3-2-24 所示。

图 3-2-24　法兰螺栓不匹配

（1）产生原因

作业人员质量意识不强，未按施工图进行螺栓选型。

（2）防治措施

加强教育，提高作业人员质量意识；按施工图进行螺栓选型，紧固后的螺杆与螺母应符合要求。根据色标管理规定核对螺栓色标的正确性。

应对施工作业人员加强教育，提高责任心。

25. 螺栓未涂抹二硫化钼的原因及防治措施有哪些？

螺栓未涂抹二硫化钼的示例如图 3-2-25 所示。

（1）产生原因

作业人员质量意识不强，材料管理不到位。

（2）防治措施

螺栓出库前必须涂抹二硫化钼，如发现螺栓未涂抹二硫化钼不得使用。

应对施工作业人员加强教育，提高责任心。

未涂
二硫化钼

图 3-2-25 螺栓未涂抹二硫化钼

26. 管道表面污染严重的原因及防治措施有哪些?

管道表面污染严重的示例如图 3-2-26 所示。

(1)产生原因

作业人员质量意识不强,对成品保护意识不足。

(2)防治措施

对安装完成的管道及管件在进行交叉作业前应及时采取成品保护措施。

应对施工作业人员加强教育,提高责任心。

图 3-2-26 管道表面污染严重

27. 管道保温层损坏的原因及防治措施有哪些?

管道保温层损坏的示例如图 3-2-27 所示。

(1)产生原因

作业人员质量意识不强,对成品保护意识不足。

(2)防治措施

对保温已完成的管道及管件在进行交叉作业前及时采取现场成品保护措施,作业人员不得在保温层上踩踏,对损坏的保温应及时告知保温人员进行修补。

应对施工作业人员加强教育，提高责任心。

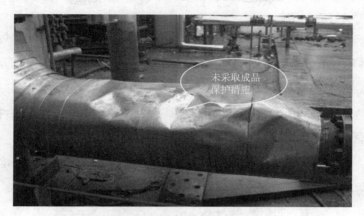

图 3-2-27 管道保温层损坏

28. 管件未除锈、油漆剥落的原因及防治措施有哪些？

管件未除锈、油漆剥落的示例如图 3-2-28 所示。

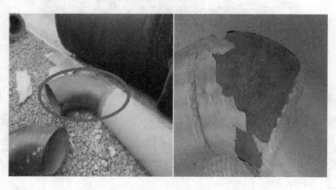

图 3-2-28 管件未除锈、油漆剥落

（1）产生原因

作业人员质量意识不强，作业人员未按要求进行喷砂除锈。

（2）防治措施

作业人员按规范要求对到货材料进行喷砂除锈防腐，喷砂除锈按设计要求进行，未进行喷砂除锈的管配件不得使用。

应对施工作业人员加强教育，提高质量意识。

29. 在试压完成的管道上焊接、引弧的原因及防治措施有哪些？

在试压完成的管道上焊接、引弧的示例如图3-2-29所示。

图3-2-29 在试压完成的管道上焊接、引弧

（1）产生原因

电焊把线有破损或无意中电弧碰伤；管道试压前对管道的完整性、准确性未进行严格检查造成仪表引管遗漏；作业人员质量意识差，对规范要求不熟悉。

（2）防治措施

及时对破损的把线进行修理或更换，施工准备过程中轻拿轻放，避免触碰母材；管道试压前，仔细核对施工图纸对系统完整性、准确性进行检查确定合格后，方可试压。

应对施工作业人员加强教育，提高质量意识。

30. 材料混用的原因及防治措施有哪些？

材料混用的示例如图 3-2-30 所示。

（1）产生原因

作业人员质量意识差，未按图纸要求进行选材，对色标管理规定不熟悉。

（2）防治措施

管子色标应移植到位；管道安装前，仔细核对施工单管图的材料描述，做到不混用、错用。

应对施工作业人员加强教育，提高质量意识。

图 3-2-30　安装的承插型弯头材质(304)
不符合图纸要求(304L)

31. 材料不规则摆放的原因及防治措施有哪些？

材料不规则摆放的示例如图 3-2-31 所示。

（1）产生原因

作业人员质量意识差，管理不到位造成材料无序堆放。

（2）防治措施

加强现场的材料管理，设置专用的配件库房，设专职保管人员负责材料管理工作，材料应分类摆放、整齐有序。

应对施工作业人员加强教育，提高质量意识。

图3-2-31 管配件随意堆放

32. 管道未按要求摆放的原因及防治措施有哪些？

管道未按要求摆放的示例如图3-2-32所示。

（1）产生原因

作业人员质量意识差，管理不到位造成预制完成管段无序堆放。

（2）防治措施

预制完成的管段作业人员应及时清理管段内的杂物，立即封闭敞开管口，并用方木对预制完成的管段进行有序堆放，法兰口应用木板或硬质塑料保护，质量人员不定期地进行跟踪检查落实。

应对施工作业人员加强教育，提高质量意识。

图 3-2-32 管道未按要求摆放

33. 法兰环槽面划伤的原因及防治措施有哪些?

法兰环槽面划伤的示例如图 3-2-33 所示。

图 3-2-33 法兰环槽面划伤

(1)产生原因

作业人员质量意识差，运输、装卸、安装过程中法兰擦伤。

(2)防治措施

法兰到货时，仔细检查法兰外观是否存在缺陷，如有缺陷及时与供货部门联系进行退货更换，并单独存放；运输、装卸、安装过程中注意成品保护。

应对施工作业人员加强教育，提高质量意识。

34. 相同材质的管材与管件色标不一致的原因及防治措施有哪些？

相同材质的管材与管件色标不一致的示例如图3-2-34所示。

图3-2-34　相同材质的管材与管件色标不一致

（1）产生原因

作业人员质量意识差，项目色标管理不到位，作业人员未熟知相对应材料的色标。

（2）防治措施

同标准、同材质的材料在涂刷色标时应一致，严格按项目色标管理规定执行，发放前核对材质与色标。材料应有序摆放，质量人员不定期的进行跟踪检查。如无法判断母材材质，应采用光谱分析的方法进行识别。

应对施工作业人员加强教育，提高质量意识。

35. 支管台角接焊缝焊脚高度不足的原因及防治措施有哪些？

支管台角接焊缝焊脚高度不足的示例如图3-2-35所示。

（1）产生原因

焊接作业人员质量意识差，对角接焊缝焊脚高度要求不了解，焊接高度不足。

（2）防治措施

角接焊缝焊脚高度应满足焊接工艺要求，对接接头质量检查等级为Ⅰ级的管道，焊缝余高不应大于2mm，其余焊接接头余高不应大于3mm。

应对施工作业人员加强教育，提高质量意识。

图3-2-35 支管台角接焊缝焊脚高度不足

第四篇 安全知识

第一章　专业安全知识

第一节　管道预制

1. 材料摆放应注意什么事项？

材料摆放应安全稳固，必要时设置警示标识。

2. 动火点与气瓶的水平安全间距为多少米？

动火点与气瓶的水平安全间距最少为10m。

3. 管口打磨时应注意什么？

管口打磨时应佩戴手套、防护眼镜及口罩。

4. 无齿锯切割作业时除佩戴防护用品外还应注意什么？

无齿锯切割作业时除佩戴防护用品外还应注意火星飞溅方向，火星应该避开有人的方向，并采取遮挡措施，切割件必须固定牢靠。

5. 管工在对口过程中有哪些安全注意事项？

管工在对口过程中要防止组对工具的挤伤、砸伤、压伤；组对工具固定准确牢固，严禁超负荷使用，吊支架支撑牢固。

第二节　管道安装

1. 管段吊装采用手拉葫芦作业时需注意什么？

（1）作业前确认吊点的位置、索具的固定方式。

（2）作业前应对吊钩进行检查，吊钩上的防脱钩装置必须齐全有效，必须采用合格的吊索具。

（3）吊装垂直管段时采取防滑措施。

2. 阀门安装时应注意什么？

（1）阀门安装时应注意手不能放在阀门与法兰的闭合处，以免挤伤手。

（2）吊装阀门的绳索不得固定在手轮上，以免手轮转动阀门坠落。

（3）阀门上的螺栓紧固后方可解开吊装绳索。

3. 管段在管廊上穿管时应注意什么？

（1）穿管时不要把手放在管段端口，以免穿管过程中挤伤手。

（2）穿管时操作人员必须戴好防护手套。

（3）采用滚轮穿管时，手应避开滚轮的位置。

4. 使用扳手紧固或松动螺钉、螺母时需注意什么？

使用扳手时，扳口尺寸应与螺帽相符，不得在于柄上加套管使用。

5. 焊口酸洗钝化应采取什么安全防护措施？

焊口酸洗钝化时应设置警示标识，酸洗用品妥善保管，放置稳固，酸洗时佩戴防护眼镜及橡胶手套，防止酸洗液灼伤眼镜及皮肤；严禁使用帆布手套。

第三节　管道焊接及热处理

1. 焊接作业时应注意什么？

（1）高空位置采用手工电弧焊时，下方应设置接火盆，焊接下方严禁人员走动及作业。

（2）焊工在焊接作业时应穿戴专用防护用品。

2. 热处理作业时应注意什么？

（1）敷设电源线及安装加热片时应断开电源，严禁带电作业。

（2）热处理区域设置警戒线及警示牌，专人监护。

（3）拆除加热片前应等温度降至常温后并断开电源方可拆除。

（4）加热片应完好无破损，设备采取有效防雨措施。

3. 管道热处理应采取什么安全防护措施？

管道热处理主要存在带电部位裸露、漏电、高温烫伤等安全隐患。使用合格的热处理设备，热处理机必须有良好的接地，定期对配电箱、热处理机进行检查维护保养，严格执行一机一闸一保护，电源线不得浸泡在水中和有破损现象，接头处应绝缘良好，加热片应完好无破损。设备采取有效防雨措施，放置环境应干燥通风，热处理设备输出端须设置漏电保护器，接头处必须紧密连接，热处理片应保持完好无破损，经常检查。清理周边可燃物，配备灭火器，设置警戒区域、警示牌，安排专人监护。

第四节　管道试压

1. 管道压力试验时有哪些安全隐患？

管道压力试验主要存在高压液体、气体泄漏，螺栓、盲板、垫片缺陷和人为操作不当造成压力过高等安全隐患。

2. 试压区域如何设置安全标识？

试压设备及试压区域应采用警戒线及警示牌，以提醒非试压人员在试压期间进入试压区域。

3. 为防止非试压人员对正在试压的管线误操作应采取什么措施？

试压作业人员在管线试压前应对试压管线的盲板、法兰、阀门等位置进行挂牌警示，以提醒非试压人员对试压管线进行其他作业。

4. 试压过程中是否可带压进行紧漏及修补？

试压过程中如出现泄漏情况，应泄压后方可进行紧漏及修补，严禁带压紧漏及修补。

5. 气压试验时采用发泡剂进行检漏时应注意什么？

气压试验采用发泡剂检查法兰及焊缝是否泄漏时，检查人员应避开法兰的结合面及焊缝的正面，并佩戴安全防护眼镜。

6. 气压试验时为防止试压管线超压应采取什么措施？

气压试验时应在试压管线上设置排气泄压安全阀，避免试压管线在试压过程中发生超压爆裂而造成安全事故。

7. 管道泄漏性试验应注意哪些事项？

（1）不得随意松、紧正在进行气密性试验的管线的螺栓。

（2）不得在正在进行气密性试验的管线的法兰处逗留、张望。

（3）出现泄漏情况应通知相关负责人，泄压后再进行泄漏处理。

第五节 管线吹扫

1. 管线吹扫时应采取什么防护措施？

管线吹扫时应在管线吹扫出口处设置警戒线及警示牌，并派专人监护。

2. 管线爆破时应采取什么防护措施？

（1）爆破的管线进气处应设置压力表，以掌握爆破时管线内的压力情况，防止爆破片过厚，压力过高时仍未发生爆破现象，造成安全隐患。

（2）爆破出口处应设置除设置警戒线及警示牌、并派专人监护外，还应设置防飞溅硬隔离，以免爆破片飞出伤人。

3. 管线打靶时应采取什么防护措施？

（1）管线打靶时，非打靶作业人员不得进入打靶作业区域。

（2）打靶作业前应提前通知整个现场作业人员，并明确打靶时间段。

（3）消音器上方严禁有其他作业人员进行施工或走动。

第六节 管道保运

1. 管道保运期间保运人员应注意哪些事项？

（1）保用人员依据作业票进行施工。

（2）不得触碰装置内任何电气设备。

（3）不得随意开关阀门。

（4）任何作业需经业主及保运负责人同意后方可进行，如现场发生突发情况应立即通知业主或保运负责人，不得私自进行作业。

2. 法兰密封面的热态冷态紧固应采取什么安全防护措施？

法兰面热态冷态紧固容易发生烫伤、冻伤、高温液体泄漏等安全隐患。在施工时应正确佩戴劳保用品；在紧固时人员应当站在紧固螺栓的侧向，并对称紧固螺栓，防止单面紧固螺栓造成法兰面偏斜、液体喷出，伤害作业人员。

3. 如何防止液击现象的产生？

（1）当压力管道的阀门突然关闭或开启时或泵突然停止或启动时，因瞬时流速发生急剧变化引起液体动能迅速改变，而使压力显著变化。

（2）蒸汽管道若暖管不充分、疏水不彻底，会导致输送的部分蒸汽凝结成水，体积突然缩小，造成局部真空，周围介质高速向此处冲击造成振动或声音。

为防止上述现象的产生，在开关阀门过程中一定要缓慢，蒸汽暖管一定要充分，缓慢升温。

4. 配合单机试车的安全步骤有哪些？

（1）设置警戒区域，严禁非作业人员进入，设专人监护，试车前认真检查设备、法兰紧固程度，编制方案并严格执行审批手续，严格按试车方案进行作业，正确佩戴个人劳动保护用品。

（2）严格执行联合会签检查确认制度，设备接地系统完好，作业结束切断电源。

（3）设专人监护，试车前认真检查设备法兰结合面紧固程度，法兰结合面处严禁站人，严禁带压紧漏。

（4）严格遵守操作规程，中间停车检查时电气操作柱开关必须打到手动位置，并设置警示标识。

5. 操作送气阀门时正确的做法是什么？

先确认管线流程是否正确，无关区域是否隔离。操作阀门时应均匀用力，不能用力过猛，应站在阀门的一侧，严禁将身体正对着阀门操作，以防阀门盘根泄漏，造成人员伤害。

6. 修理易燃易爆气体或蒸汽、液体输送管道时有什么程序？

一般情况下不允许在带压管道上进行修理等作业，但在特殊情况下如抢修等必须在有足够安全保障措施后由有经验作业人员进行。修理易燃易爆气体或蒸汽、液体输送管道时必须先确认管线停运，两端进行有效隔离，管内残留的易燃易爆气体或蒸汽、液体等吹扫或冲洗干净后，并检测合格方可具备作业条件。

第七节　地管施工

1. 测量放线应注意哪些事项？

撒灰人员站立在上风口；使用铁锨撒灰时，锨头不得脱离地面，人员戴好防护眼镜。

2. 管沟开挖时应注意哪些事项？

（1）在施工过程中要详细了解场地状况，严格按操作规程、方案作业，机械站位合理，注意天气对基坑的影响，经常检查确认。

（2）管沟开挖时必须有专人指挥，挖机司机不得单独进行开挖作业。

(3)堆土应离开管沟边缘 1m 以上,高度不得超过 1.5m,堆放后应适当对堆土进行压实,以防塌方伤及管沟内作业人员。

(4)管沟开挖完成后应对管沟上方两侧设置硬隔离,并设置安全爬梯。

3. 管道下沟时应注意哪些事项?

(1)管道下沟吊装时必须有专人指挥;

(2)管道下沟时管沟内不得有作业人员,待管道在管沟内放置完成后方可下沟作业。

4. 管沟内作业时应注意哪些事项?

(1)在管沟内作业时地面上方应有专人监护。

(2)管沟内进行用电作业时应保证沟内无积水。

5. 井室安装时应注意哪些事项?

(1)井室基坑较深时应设置硬保护,以免塌方。

(2)井室开挖完成后进行坑内作业时,地面应有专人监护。

第二章 通用安全知识

1. 什么是"四不伤害"？

不伤害自己、不伤害他人、不被他人伤害、保护他人不受伤害。

2. 在安全生产工作中，通常所称的"三违"是指哪"三违"？

违章作业、违章指挥、违反劳动纪律。

3. 施工安全色有哪些？各代表什么含义？

常用的安全色有红色、蓝色、黄色、绿色。

红色：表示禁止、停止；

蓝色：表示指令，必须遵守的规定；

黄色：表示警告、注意；

绿色：表示提示、安全状态、通行。

4. 什么是"三级教育"？

入厂教育、项目教育、班组教育。

5. 什么是处理事故的"四不放过原则"？

(1)事故原因未查清不放过。

(2)事故责任人未受到处理不放过。

(3)事故责任人和广大群众没有受到教育不放过。

(4)事故没有制定切实可行的整改措施不放过。

6. 人的不安全因素有哪些?

(1)操作不安全性(误操作、不规范操作、违章操作)。

(2)现场指挥的不安全性(指挥失误、违章指挥)。

(3)失职(不认真履行本职工作任务)。

(4)决策失误。

(5)身体状况不佳的情况下工作(带病工作、酒后工作、疲劳工作等)。

(6)工作中心理异常(过度兴奋或紧张、焦虑、冒险心理等)。

(7)人的其他不安全因素。

7. 物的不安全因素有哪些?

(1)未按规定配备必须的设备。

(2)设备选型不符合要求。

(3)设备安装不符合规定。

(4)设备维护保养不到位。

(5)设备保护不齐全、有效。

(6)防护设施不齐全、完好。

(7)设备警示标识不齐全、清晰、正确,设置位置不合理。

(8)物的其他不安全因素。

8. 环境的不安全因素有哪些?

光线不足;通风不良;噪声大;高温、雷击、大雾等恶劣天气。

9. 劳动保护的目的是什么?

为劳动者创造安全的劳动工作条件,消除和预防劳动生产过程中可能发生的伤亡。

10. 安全帽的主要作用及使用注意事项有哪些？

主要作用：防止高处坠落物造成头部损伤；防止物体打击；减小高空坠落时对头部的伤害；在低矮部位行走或作业时防止头部碰到硬物；防止火星及污染物对头部的伤害。

注意事项：使用前应将帽带、缓冲垫调整到适合自己的位置；安全帽不能戴歪，也不能把帽沿戴到脑后方，否则会降低安全帽对于冲击的防护作用；帽带必须扣在下颚，松紧适宜，以防大风及头部摆动时脱落；不得随意破坏帽子，如开孔、拆卸或添加附件等；定期检查，如有破损、下凹、裂缝等现象不得继续使用；施工作业时不得将安全帽脱下，搁置一边或当坐垫使用；安全帽有效期一般为 30 个月。

11. 进入高空作业现场应注意什么？

患有高血压、心脏病人员不得进行高空作业；高空作业必须有合格脚手架及防坠落措施；必须系好安全带，并高挂低用；安全带使用前进行检查，有损坏或过期的严禁使用；高空行走时始终保证有一个挂钩在固定点；高空作业点使用的工器具及材料不得乱放，并固定在牢固的构件上，严禁将工器具及材料扔抛；高空作业点下方如有人作业时应设置安全网等隔离措施；五级以上及雷雨、大雾等恶劣天气严禁高空作业。

12. 氧气瓶和乙炔瓶工作间距应不少于多少米？

氧气瓶和乙炔瓶工作间距不得小于 5m。

13. 灭火的基本方法主要有哪些？

隔离法、窒息法、冷却法、化学抑制灭火法。

14. 用水灭火时应该注意什么？

用水灭火时应有充足的水源；灭火时应从水源外围逐渐向火

源中心喷射；应保证正常的通风；用水扑灭电气设备时先切断电源；油类火灾严禁用水进行灭火；灭火人员应站在上风口；灭火过程中应派专人随时监测瓦斯、一氧化碳、二氧化碳等有毒气体及易引起窒息的气体的含量。

15. 泡沫灭火器主要用于扑救哪类火灾？

A 类：木材、棉布等固体物质燃烧引起的火灾；

B 类：汽油、柴油等液体火灾；不得用于水溶性可燃、易燃液体火灾和带电物体火灾。

16. 干粉灭火器主要用于扑救哪类火灾？

干粉灭火器主要用于固体、液体、气体及带电物体的初期火灾；不能用于金属燃烧火灾。

17. 造成触电事故的主要原因有哪些？

使用有缺陷的电气设备，如保险丝不合格，电气开关失灵，电线裸露等；电气设备未接漏电保护器，接地不良；非专业电气作业人员进行电气作业；不按规定使用安全电压的电器；电器设备未设置危险警告标志；电气设备维修不善。

18. 我国规定的安全电压有哪几种？常用的安全电压是哪两种？

我国规定的安全电压有 42V、36V、24V、12V、6V；常用的安全电压是 24V、12V。

19. 手拉葫芦的安全操作有哪些注意事项？

严禁超负荷起吊，禁止吊拔埋在地下或固定在地面上的重物；手拉葫芦支撑点必须牢固，严禁利用非承重件作为支撑点；严禁将吊钩回扣到链条上起吊重物；操作时应先试吊，当重物离开地面运作正常，制动可靠方可继续起吊；操作人员不得站在重物上操作，不得将重物起吊到一半时离开现场；起吊过程中重物下严禁任何人行走或作业；上升或下降重物的距离不得超过规定的起升高度；严禁用2台及2台以上的手拉葫芦串联起吊重物。

20. 吊装作业时吊物下方为什么不能站人或其他作业？

吊装作业时，吊物起吊后会因为吊机脱钩、断绳、刹车失灵等原因砸伤下面行走及作业人员。

21. 在使用磨光机、电砂轮等手持电动工具时应采取哪些安全措施？

使用磨光机、电砂轮等手持电动工具时应戴好防护眼镜、绝缘手套、绝缘鞋等防护用品；插头与插座必须配套，并采用一机一闸；使用前对电动工具进行检查，如外壳、电线、尾端护套如有损坏，修复后方可使用；在使用时不得拉拽电线；更换砂轮片时必须先切断电源。

22. 使用手持电动工具前应做什么检查？

（1）对照铭牌查看所选用的工具型号及技术性能是否满足工作内容需要。

（2）长期搁置不用或受潮的工具在使用前，应由电工测量绝缘阻值是否符合要求。

（3）外壳接地、接零线保护线连接是否正确。

（4）工具外壳、手柄、软导线是否完好无损。

（5）漏电保护器动作是否灵敏。

23. 化学品进入眼睛应如何处理？

化学品进入眼睛时勿用手搓揉。一般化学品立即用大量清水冲洗，边洗边眨眼；如果是高浓度硫酸、石灰等强酸强碱溅入眼睛先用干净布擦拭，再用清水冲洗。清洗后立即就医。

24. 氧气瓶的使用与存放应注意哪些事项？

（1）严禁将氧气瓶和其他可燃气体的瓶子放在一起。

（2）搬运氧气瓶时，应避免碰撞和剧烈振动，气瓶搬运应使用专门的抬架或手推车。

（3）氧气瓶防止阳光暴晒和其他高温辐射，以免引起气体膨胀爆炸。

（4）瓶阀冻结时，严禁用火烘烤或物品猛击更不能猛拧减压表的调节螺丝，以免造成事故。

（5）氧气瓶不许沾油脂，不许用电焊在瓶上试火。

（6）氧气瓶尽可能直立使用，不许与电焊线或地线接触。

（7）氧气瓶的气体不可用尽，应该留有不小于 1.5kgf/cm^2 的剩余压力。

（8）不论是已充气还是空的气瓶，均应将瓶颈上的保险帽和气门侧面连接头的螺帽盖盖好后才能运输。

25. 使用大锤应注意哪些事项？

（1）锤子平面应平整；锤柄长度适中，安装牢固可靠，锤柄不得充当撬棍。

（2）使用大锤时，手柄和锤面上不应沾有油脂，握锤子的手不准戴手套，手掌上有油或汗应及时擦掉。

（3）操作中若发现锤把楔子松动、脱落或手柄出现裂纹，应及时修理。

26. 洞口作业、临边防护的要求有哪些？

（1）在建工程的预留洞口、楼梯口、电梯井口等孔洞应采取防护措施。

（2）防护措施、设施应符合规范要求。

（3）防护设施宜定型化、工具式。

（4）高空作业面边沿应设置连续的临边防护设施。

（5）临边防护设施的构造、强度应符合规范要求。

（6）临边防护设施宜定型化、工具化，杆件的规格及连接固定方式应符合规范要求。

27. 季节性施工有哪些要求?

（1）雨季前应备齐防汛器材，防洪排水机械应处于完好状态，排水管道应畅通，并对防雷装置进行接地电阻测定;

（2）雨天施工时，道路、斜道、脚手板等处应采取防滑措施;

（3）雨天施工时应采取防触电措施;

（4）雷雨时，应停止露天作业;

（5）暑季施工应合理安排工作时间，适当避开高温时段，长时间露天作业场所，应落实防晒设施;

（6）日最高气温达到 40℃ 以上，应当停止当日室外露天作业;

（7）高温季节在受限空间内进行作业时，应采取通风、降温等措施;

（8）氧气瓶、乙炔气瓶、液化气瓶应有防晒设施，不得在烈日下曝晒;

（9）寒冷季节使用水压试验时，应对试验用水采取防冻措施，当水压试验结束后，应及时将管道内的试验用水排净，并用压缩空气吹干;

（10）寒冷季节施工时道路、斜道和脚手板上积存的水、冰、雪应及时清除。

参 考 文 献

[1]GB 50184—2011　工业金属管道工程施工质量验收规范[S].

[2]SH 3501—2011　石油化工有毒、可燃介质钢制管道工程施工及验收规范[S].

[3]GB 50235—2010　工业金属管道工程施工规范[S].

[4]GB 50517—2010　石化金属管道工程施工质量验收规范[S].

[5]SH/T 3040—2012　石油化工管道伴管和夹套管设计规范[S].

[6]胡忆沩，李鑫. 实用管工手册[M]. 北京：化学工业出版社，2008.

[7]闵庆凯，王庆顺，陈志国. 管道工实际操作手册[M]. 沈阳：辽宁科学技术出版社，2006.

[8]张志贤. 管道施工实用手册[M]. 北京：中国建筑工业出版社，1997.

[9]中国就业培训技术指导中心. 管工[M]. 北京：中国城市出版社，1987.